AF449560

Secretos de la Tierra. Relatos y reflexiones de Manuel Lagleyze.

Libro I de la Serie Secretos de la Tierra.

El modelo agroecológico es una forma de pararse ante la vida.

Tepatiki Editorial
Editor Martin D Cernadas

Lagleyze, Manuel

  Secretos de la tierra : relatos y reflexiones de Manuel Lagleyze / Manuel Lagleyze ; compilación de Martin D. Cernadas ; editado por Martin D. Cernadas. Liliana Hernández Coronado - 1a ed compendiada. - Capilla del Monte : Martín Darío Cernadas Toba, 2023.

  Libro digital, PDF/A - (Secretos de la Tierra / Martin D. Cernadas ; 1)

  ISBN 978-631-00-1991-8

Ilustración de portada: profesora en artes visuales Rita "Calandria" Tabares.

  1. Relatos. 2. Radio Comunitaria. 3. Ecología. I. Cernadas, Martin

Vivir despierto

Fue a raíz de que leí un escrito, una reflexión de Manuel Lagleyze, titulado "Vivir despierto" -el cual encontré publicado tras su fallecimiento- que inmediatamente tuve la necesidad de saber si había escrito libros, reseñas, si tenía cosas que pudieran ser leídas. Leer esa única página, me hizo saber que estaba frente a alguien de un silencio interno y trabajo de décadas, que me motivaba a saber más de su forma de comunicarlo, alguien descomunal, fuera de parámetros acotados, un tipo único.

Pero, al charlar con Carla, su compañera, me dijo que ese escrito era todo lo que había dejado él. Porque Manuel era un "decidor", no escribía nada, que un libro siempre fue un tema por abordar. Pero claro, que, si quería, tenía los audios de sus programas de radio, para escuchar. Para alguien como yo que no escucha radio, sino que pasa sus horas laborales, de estudio y de consumo de medios a través de la nube de Internet, y que necesito concentración sin sonidos de fondo, fue motivante saberlo, sin embargo.

Asi, una vez que identifiqué las herramientas adecuadas para las transcripciones de audio a texto, que me permitieran primero leer, luego seleccionar relatos, luego armar una colección coherente, apareció en la primera zambullida, esto hermoso de comenzar o terminar sus programas con poemas o canciones leídas, sobre alguien en particular, de un tema en particular. Porque como dice Manuel, la agenda practica del día a día no le mueve su propia agenda de los temas que él quiere hablar, y que es imperioso hablar de eso. Que lo diga alguien que se dedica a la divulgación de la agroecologia, por asi decirlo, donde lo concreto y practico es la norma de vida, es toda una definición de que cosa es lo importante.

Las lecturas de poemas y canciones referencian a poetas, a cantantes, y sobre todo a temas sociales. Donde yo mismo al leerlos -y mira que me gusta Federico Garcia Lorca- no tenía idea, por ejemplo, del trasfondo del poema con que se atraganta y emociona Manuel al leerlo. Por eso, primero -porque al editar aprendo- es que me pareció más que oportuno, poner ese trasfondo, como notas, pero no al pie de página, sino al final, para no distraer el hilo de lectura, como una pausa, para que se tenga que ir al final para tomar valor antes de leer eso, y saber, que lo que cita Manuel, cuando lo leas, te va a golpear. Primero de una mejilla y luego la otra.

Esos escritos destilan vida atestiguada por otros que la dolieron, la sintieron, la amaron, la cantaron, y murieron. Y cuando terminas de leerlo, te vas a preguntar que te pasó. Por qué me estaba preocupando mi insignificante y minúsculo problemita coyuntural, y nunca me enteré de esto que me cuenta Manuel.

"Vivir despierto", asi lo dice Manuel, en ese único escrito que dejo:

"A pocos metros de la maceta en que viven las raíces de mi planta de tomates, en dirección a ella, sigilosamente se acerca la hormiga. Lleva en andas con gracia y sin esfuerzo a un rechoncho pasajero. Se trata del pulgón, terrible azote de los cultivos; el proyecto de la hormiga está claro, se dirige a mi tomatera.

Si bien no puede ver la planta, el viento del sur a 5 km por hora le indica la posición del objetivo, pero el viento se arremolina entre las paredes del patio y los informes le llegan confusos, se detiene un momento, sigue en un andar errático y, finalmente, retoma el camino correcto. Para orientarse usa los sistemas internos de navegación que le indican su posición con respecto a los polos magnéticos y la hora solar en este hemisferio. En tanto, el objeto de tantos desvelos se mantiene quieto, casi inmóvil en su maceta, ya percibió el olor químico de la hormiga y de su carga. Millones de años de convivir con los insectos le dicen de las intenciones de los visitantes y sabe, que, de llegar a destino, le espera en pocas horas una invasión masiva de insectos predadores.

Mientras espera a la hormiga bombera y su consiguiente malón, está muy ocupada haciendo hidratos de carbono mediante fotosíntesis. Ellos luego serán quemados con el oxígeno que respira para producir la energía química que empleará en sintetizar vitaminas, proteínas y los compuestos de minerales que necesita. También está ocupada en reorientar las pantallas foto-sintetizadoras para captar de forma eficiente la energía solar. Y el sexo, en algunas ramas desde la parte masculina de sus flores, eyacula frenéticamente granos de polen que las partes femeninas se apresuran a atrapar.

Para que la polinización se produzca necesita determinados insectos, y los está llamando con perfumes químicos. Además, la tarea que realiza en sus raíces me agota de solo pensarla: no solo respira, toma agua y minerales, sino que también analiza y determina qué minerales tomar, verifica la presión osmótica, la cantidad de oxígeno y de agua en distintas zonas del suelo para producir nuevas raicillas que le permitan un desarrollo sustentable.

A todo esto, la hormiga ha llegado a la maceta, trepó por los tallos e instaló al pulgón en cercanía de un pimpollo donde circulan más azúcares y proteínas, con la esperanza de obtener pingües beneficios de su vaca lechera. El pulgón puesto a pastar clava su trompa en los tejidos más vulnerables y jugosos.

Mi planta emite un largo alarido. Yo no la escucho porque es un grito químico, pero no es una simple lamentación; es un mensaje claro y con destinatarios definidos, es para las avispas que parasitan a los pulgones, las que de inmediato acuden al llamado listas para atacar al adelantado y a la tropilla que le seguirá.

Todo esto ocurre durante 5 minutos de los 30 que dispongo a diario para el cuidado de mi pequeña huerta.

Usted puede optar entre regar su planta de tomates, abonarla y cosechar los tomates pensando en otras cosas o bien hacerlo atento, despierto, permitiendo que su planta sea un diapasón donde resuenan las notas del universo.

Le recomiendo comer despierto, mirar despierto, amar despierto y, por sobre todas las cosas, no permita que lo distraigan en su tiempo libre.

Vívalo muy despierto.”

Bienvenido a estas reflexiones y relatos que elegí, de los que Manuel Lagleyze supo compartir en su programa radial "Secretos de la Tierra", emitido por Una Radio Muchas Voces (FM 98.1), del Espacio Viarava, en Capilla del Monte, Punilla, Córdoba, entre los años 2018 y 2023. Este es el Libro Primero de esos programas, del primer año.

1.   El planeta de las plantas [I]

El planeta de las plantas, porque sin lugar a duda, este planeta es de las plantas y solo de las plantas. Te voy a contar la historia del planeta de las plantas, de la vida en este planeta Tierra.

Bueno, en primer momento la sopa, la sopa primigenia, el caldo de minerales que eran los océanos, ¿no?, y luego un buen día, no sé, vinieron los dioses y lo crearon, vinieron extraterrestres, aparecieron por una cuestión eléctrica.

Bueno, las primeras moléculas que podían dar origen a las primeras células vivas y ¡tum!, para la vida, bacterias, bacterias, bacterias, bacterias que se dividen y morfan, que morfan lo que hay ahí, es todo un caldo fantástico, minerales a patadas, lo que quieras, más salado, menos salado, más dulce, menos dulce, todo tenían, y bueno, las chicas estas se dedicaron a multiplicarse. Se calcula que cada una se dividía en dos y eran dos bacterias.

Y tenían comida a rolete, millones de años anduvieron morfando por el mar hasta que un día, claro está, se multiplicaban tanto, comían tanto que los recursos naturales se agotaron, ¿te suena? Bueno, ya pasó aquella vez, se agotaron los recursos y las bacterias empezaron a morirse, ¡uh!, gran mortandad de bacterias salía en todos los diarios: "En todos los mares del mundo gran cantidad de bacterias muertas, última noticia", ¡terrible! ¿No? un bajón para las bacterias, todas tristes, todas mal. Cual no tenía algún pariente ahí que había caído en la hambruna, hasta que bueno, este bajón, terrible, así lo escuché.

– Esto se termina. Hagamos una fiesta por cuatro días locos. – Dale hagamos una fiesta, disfracémonos. – Dale, yo me voy a poner una ropa violeta. –¡ah que lindo! Y yo en medio de esta crisis. Hay que hacer un cambio acá. Yo me voy a vestir de amarillo. –¡Aaaahhhhh!, le gritan todas, de amarillo, ¡nooooo! Y menos en una crisis, ya sabes a dónde vamos a ir a parar. – Bueno, bueno, está bien amarillo no.

Y así los distintos colores que a uno se le ocurre. – Yo me visto de verde porque es el color de la esperanza. – Ah, proba, dale, a ver si nos divertimos.

Verde, verde de clorofila, acuérdense, no había más morfi, estaban ya con los últimos mineralitos para tomar, y de golpe esta se viste de verde con clorofila, y empieza a hacer de comer, claro, lo único que había era dióxido de carbono en cantidades, un gas terriblemente venenoso. Sol, un sol rajante y agua, ellas estaban en el agua. Listo, a hacer fotosíntesis muchachas y entraron a hacer azúcar.

Si, están muertas de hambre y de golpe hacen azúcar. Bueno, salvadas, hicimos un cambio, un cambio positivo. – Ahora tenemos clorofila che –Le dice una la otra. – Estoy registrando todo ¿clorofilas se escribe con k? – No sé, pero si nos salva de la crisis, seguro se escribe con k.

Bueno y ahí le dan, ¿no? Y empiezan. Se llena el mar de estas bacterias verdes que con el tiempo se amuchan y sin dejar de ser organismos unicelulares, se amuchan y hacen algas. Algas de metro por todos lados. Estaba lindo el mar, estaba lindo, no había nadie que lo quiera todavía, pero estaba relindo el mar, lleno de algas y morfaban y morfaban, y ya no dependían de la sopa primigenia, que no había más, se había terminado, ¿no? No había calditos de esto ni de aquello para comer.

Había que hacerse de comer. Bueno, las únicas que quedaron son esas, las que tenían clorofila, que bueno, millones y millones de años así, hasta que un día, una cara larga porque era un alga, dice, – che, que embole esto de estar en el mar siempre, a mí me gustaría ir a la playa. – Si estás loca, en la playa te morís. – ¿Por qué? – Y mirá, mi prima fue y se la llevó la marea y no volvió nunca, o sea, allá te quema el sol. – ¡No! – Sí, sí, el sol es terrible, te quema, te seca, te morís. – ¡Uh!, no se puede ir, bueno.

Y así mucho tiempo, ¿no? Y algunas se ponían ahí en la orilla, donde pegaba el agua también para estar siempre húmedas, y miraban. – Mirá que linda la playa. – ¡Uh!, qué linda che, pero mira, mira todos los cadáveres que hay de nosotros ahí en la playa, se mueren. – Todos nos morimos. –Si, vámonos.

– ¿Y ese quién es? – Cuál? – Ese que esta morfándose a las algas muertas, ese que parece una casa de pitufos. – Si, es un hongo. – ¿Un hongo? – Y quién sabe, andan por ahí, por la orilla del mar, y se alimentan de, bueno, de nuestras parientas muertas.

–¡No!, ¡uh!, ¡son un peligro! – No, no nos hacen nada, se comen las muertas. – Mirá vos, pero se las comen. Yo les quería hacer que se yo, un funeral o algo así, estas vienen y se la morfan. ¿Les tiramos algo? ¿Le tiramos algún veneno? y que se entren a pelear, ¿no? Y luego vamos cuando no se den cuenta. – Si, yo voy a hacer antibiótico, y las voy a reventar a todas.

Y tal la pelea ahí. Y pasan unos millones de años así también con esto ¿no? Y un día, un alga, una señorita verde se para ahí en el borde del agua y ve el hongo que venía y le dice – Hola, hola, che, venís siempre por acá, jaja. –¿Cómo te llamas? –Y ella le dice – Me llamo Marina Capuleto y soy una bacteria verde ¿vos? – Yo me llamo Terra Montesco y soy un hongo.

– Che y... y cómo es la vida del hongo? – ¡Ah ¡– dice – yo ando por todos lados. – ¿Cómo por todos lados?, ¿no te quema el sol? – No, yo uso protector solar 350 y no me hace nada. – Que bárbaro, me gustaría a mí poder estar al sol. – Y a mí me gustaría comer, le dice el hongo. – ¿Cómo comer? Si vos te comes todas las bacterias muertas. – Sí – dice – Porque yo no sé hacer de comer, no tengo como ustedes, ¿cómo hacen el azúcar? – Ah, sí, la hacemos por fotosíntesis, es repiola, refácil. – ¿Y vos me darías un poco de azúcar? – Sí, claro. Y si quieres vamos a dar una vuelta por la playa, yo te protejo del sol.

Y salen a dar una vuelta por la playa y ahí hablan de que Montescos y Capuletos se han peleado por estos millones de años, y que ellos se podrían hacer amigos, y se gustan y dicen – Che, lindo el paseo, ¿querés más azúcar? –Si. – Queres que te proteja más del Sol? –Sí, claro. –Y podríamos vivir juntos, ¿no?

Y ahí nomás se prometen solemnemente protegerse, alimentarse y vivir juntos para siempre. Y nace el primer liquen, una simbiosis de un hongo y un alga que hasta nuestros días se mantiene. Esos son los líquenes. Mira vos, no era una competencia, era una cooperación, una simbiosis.

Y ¿Qué hacemos con la supervivencia del más fuerte? Y déjaselo a los genetistas, déjaselo a los del darwinismo social. No es cierto la supervivencia del más fuerte, del más apto. Lo cierto es que la vida en este planeta está hecha de eso, de cooperación de los distintos, de los diversos, de la diversidad cooperando, desde aquel hongo y aquella alga que se unieron y formaron el primer liquen. ¡Wow, wow!

Bueno, pero a todo esto, la única planta que pudo salir del agua, un alga, era saliendo junto con el hongo y formando un liquen. Pero listo, ya estaba conquistada la tierra. Podíamos salir, dicen las plantas, y ¿qué hacen?, bueno, salen a la playa y conquistan la Tierra como líquenes, y una vez conquistada la tierra, escúchame, las plantas son terribles, no tienen límite: ahí nomás vinieron los musgos, las colas de caballo, los helechos, llenaron la tierra de plantas, todo verde, todo verde. Bueno, y esto dura unos millones y millones de años, ¿no?

Y un día una le dice a otra – Che, este aburrimiento de la uniformidad, todos iguales, ¿no?, los hijos iguales a los padres, millones de años, acá no hay diversidad, – y no claro, ¿diversidad dijiste? – Sí – Vos sabes que eso me suena a sexo, no sé por qué, pero pensé en sexo. – ¿En qué? – En sexo. – ¿Y qué es eso? – Mira, todavía no está, pero lo podemos inventar, y así los hijos serían diversos. – ¡Uy, que bueno! Y ahí se pusieron en eso de inventar el sexo más explícito, porque los hongos, las colas de caballo, los musgos tenían un sexo muy primitivo, entonces directamente que la planta produzca las células sexuales. ¡Wow!

Y empezaron los pinos, mira vos, y los ginkgos, el ginkgo biloba y las cycas. Habían millones de cycas y de ginkgoaceae, familiares del ginkgo, pero eran las primeras plantas con sexo, y sexo explícito, che, estaba ahí a la vista de todo el mundo, que me decís.

Para esa época algunas plantas se empiezan a interesar en el tema, dicen: – Che, podríamos imitarlos, no sé, dicen que es divertido, ¡buah! – Si, es divertido dale. – Y con eso vamos a tener hijitos distintos. – Si, está rebueno. – Claro, porque va a tener el color de ojos del papá y el carácter de la abuela. – El carácter de mi suegra ¡no!

Y empiezan a buscar la forma de tener hijos distintos, a cruzarse machos y hembras en el mundo de las plantas. En ese momento, en ese momento aparecen los primeros bichos, después vamos a venir nosotros, los pajaritos, pero esos primeros bichos, jetones como cascarudos, van y se comen los bebés de las plantas.

– Che ¿vos no estás esperando? – Sí, pero vino un jetón, un bicho cascarudo y me los comió todos – ¡No! ¿Qué hacemos? – Y ¿le tiramos venenos? – ¿De dónde sacamos? – Le podemos comprar a mon... – No, nos va a terminar matando a todas. – Bueno no, no le compramos a ese. – ¿Y qué hacemos? – No sé, a ver, procuremos convivir. – Qué convivir si estos guachos vienen y te comen los chicos! – Y no sé, démosle algo para que coman, como ser, no sé, pastelitos démosle.

Bueno, y ahí aparecen las magnolias, crean esas flores enormes con esos pétalos dulces y ricos como pastelitos para los cascarudos, que vienen y se entran a morfar los pastelitos.

Bueno, pasan unos millones de años con esta historia, y un día una magnolia, le dice a la otra: – ¿Me parece o estás...? – Sí, estoy embarazada. – ¿Y cómo che? ¿qué pasó? – No sé, vino un cascarudo, se comió los pétalos gordos, y traía polen en las patas... – ¡Epa!, ¡epa! Qué bueno. ¿Y cómo hacer para que vengan más y traigan polen y que no nos morfen a nosotros, a los chicos, a los pastelitos, todo?

Y ahí empezaron a inventar. Unas que se sabían cocinar dijeron: Ya sé, vamos a hacer almíbar. – ¡Almíbar!, es carísimo, – Sí, no importa todo sea para tener lindos chicos, ¿no?

Y empezaron a hacer almíbar, el néctar, que le decimos nosotros. Y venían los cascarudos. – ¡Mira acá está el almíbar! ¡Nos vamos a comer todo! – Y mordían, y se caía, no lo podían tomar. Las plantas, vivas ellas, hicieron unos cucuruchos largos, que solamente alguien con una lengua larga como una mariposa podía llegar a tomarse el néctar.

Y una mariposa no te va a comer las flores, así que los cascarudos se fueron renegando. Se fueron a comer otras porquerías que había por ahí, y las mariposas y otros bichitos de trompas largas se fueron a tomar el néctar, claro, cuando tomaban el néctar, sin darse cuenta, se llenaban las patitas de polen, y allá iban como mensajeros de amor polinizando, llevando la vida de unas flores a otras.

Y ahí viene la diversidad, porque ya con un papá y una mamá ligeramente distintos, los chicos eran muy diversos, y esta vida aburrida de un verde uniforme empezó a transformarse en la vida que hoy conocemos, con la diversidad.

En ese momento era diversidad biológica. Con el tiempo, cuando aparecimos las especies sociales, también apareció la diversidad cultural. Bueno, era hora ¿no? Y este planeta se nutre de la diversidad, y esta especie la que pertenecemos, se nutre de la diversidad.

A ver si nos damos cuenta, a ver si lo aprendemos, que no es una nueva por el matrimonio igualitario, ni nada por el estilo, la diversidad es la base de la vida en este planeta, pregúntale a cualquier biólogo, te va a decir, sí señor, es así, la diversidad.

Así empezó el sexo, y así empezaron los bichos asociarse con las plantas, y las plantas a dirigir la vida a los bichos, porque en definitiva le llamamos coevolución: evolucionaron juntos, sí, pero quién lo determina, y.... el que te vende el caramelo es el que determina todo. Vos estás expectante: quiero un caramelo, este, si, te lo vendo, pero te cobro. El primero te regalo, pero el segundo te lo vendo, dice.

En definitiva, las plantas que hacen los nectarios y el néctar, que a ellas no les sirve para nada, ellas no comen néctar, lo tienen que hacer y es caro, y lo hacen solamente para darle de comer al bicho.

Bueno, con el tiempo las plantas, que se fueron haciendo más y más sofisticadas, resulta que... había 10 plantas distintas, de distintas especies, que no se cruzaban entre sí, y todas producían el néctar y los bichos iban de una a otra y no sabían a cuál ir. Entonces empezó la publicidad: las plantas empezaron a hacer perfumes, perfumes que se parecían a las feromonas sexuales de los bichos. Las plantas empezaron a tener otros colores, dibujos en infrarrojos, en ultravioleta, qué sé yo, cosas fantásticas, una parafernalia publicitaria para atraer a los bichos.

Y después, como esto de que un bicho venía con, qué sé yo, polen de una azucena y se sentaba en un paraíso, y no le servía a ninguno de los dos, empezaron a hacer con un target específico. – Yo hago propaganda nada más que para estos, – y yo hago para estos. Entonces los bichos muy específicamente se dedicaron a una o a otra planta ¡Wow!
Y ahí las plantas se decidieron por tomar como mensajeros amorosos a los bichos, a los insectos. Bueno y las plantas

manejaban todo y todo y todo, era el paraíso de las plantas, ¿no? Primero no había bichos, no había cabras, no había humanos, después vinieron los bichos y tuvieron que hacer toda esta estrategia, ¿no?, dijeron – si no podemos contra ellos, los hagamos socios nuestros, le demos de comer y los enganchamos.

Ya vas a ver que incluso algunas plantas lo siguen haciendo hoy con nosotros: nos dan determinadas cosas en el alimento... la planta, ¡eh!, no es Monsanto, no es Bayer, no, las plantas nos dan determinadas cosas que nos hacen actuar de determinadas formas. Busca en Internet: exorfinas cereales, leche, acordate, exorfinas, cereales, leche, y te vas a encontrar con que hay un grupo de plantas que nos determinan conductas.

Ya vamos a ver por qué, pero nos determinan conductas, conductas sociales con exorfinas que producen ellas y nosotros las comemos inocentemente, a tal punto que nos hacemos adictos al producto de esas plantas, específicamente harinas, harinas de cereales. Bueno, búscalo porque está lindo, está interesante el origen de la civilización, de las civilizaciones agrícolas.

Está bueno, pero sigamos, ya estaba en las magnolias.

2. El planeta de las plantas [II]

"Mujer, si te han crecido las ideas
De ti van a decir cosas muy feas
Que, que no eres buena, que, que si tal cosa
Que cuando callas te ves mucho más hermosa
Mujer, espiga abierta entre pañales
Cadena de eslabones ancestrales
Ovario fuerte, dí, di lo que vales
La vida empieza donde todos son iguales
Angela Jean, o antes Manuela
Mañana es tarde y el tiempo apremia
Mujer. si te han crecido las ideas
De ti van a decir cositas muy feas
Cuando no quieras ser incubadora
Diran: No sirven estas mujeres de ahora
Mujer, semilla fruto, flor, camino
Pensar es altamente femenino
Hay, hay en tu pecho
Dos, dos manantiales
Fusiles flancos, y no anuncios comerciales
Angela Jean, o antes Manuela
Mañana es tarde y el tiempo apremia
Angela Jean, o antes Manuela
Mañana es tarde y el tiempo apremia
Te digo mañana es tarde
Te digo que el tiempo apremia
Te digo mujer que es tarde
Oye que el tiempo apremia
Angela Jean, o antes Manuela"

Amparo Ochoa[i]. La única, inigualable, Amparo Ochoa

cantando "Mujer". ¡Wow! Murió joven, nunca dejó de ser maestra rural a pesar de su éxito cantando, y bueno, yo creo que siguió enseñando también con las canciones, ¿no?

Bueno, estamos en las plantas, el planeta de las plantas. Ya estaban las flores, ya estaban los bichos. Bueno, después de los bichos vinieron, qué sé yo, los dinosaurios, viste, los saurios, los saurios y dinosaurios. Después, los dinosaurios se hicieron pajaritos, ¿no? Y vienen los pajaritos. Los pajaritos, la gallina, los avestruces, los dodos... un montón de pájaros.

Y las plantas estaban ahí, ¿no? pendientes – ¿si este viene a comerme? ¿en qué lo puedo usar? Me voy a hacer la tonta, que crea que soy parte del paisaje, que no sepa que estoy viva, que lo veo, que lo veo venir. Lo voy a tener que engañar de alguna forma. Y se encontró, que sé yo, con los colibríes. Dice – este con ese piquito, mamita. Vení acá, estoy con néctar. Y venían los colibrís y la polinizaban.

Con el tiempo aparecimos los mamíferos... chao. Los mamíferos, – uy, estos me parecen medios zopencos, ¿no?, no son tan vivos como los pajaritos. –Bueno las plantas son muy vivas, y dijeron – estos vienen al trote al galope y nos comen todas, en que los usamos ay, ay, ay. ¿Qué hacemos con los mamíferos?, se decían las plantas, ¿no?, dicen – para polinizadores semejante bestia, una vaca polinizando no la veo, dice – Loca, pero mira hay unos que vuelan, ¡los murciélagos! – Claro, los murciélagos polinizadores y este parece inteligente, dice – Son murciélagos, son inteligentes.

Entonces, en algunos lugares, como por ejemplo en México, hay unos cactus que son polinizados exclusivamente por murciélagos. Murciélagos que después de polinizar el cactus, empieza a crecer el fruto en el cactus. Cuando los frutos están maduros, las hembras de los murciélagos que están preñadas se han de comer de ese fruto para alimentarse. Mira vos, primero polinizan y después casi como que ellas hicieran el laburo para después ir a comer.

Bueno, eso le hace creer la planta, que te hacen el laburo para eso, y así les hace creer un montón de cosas. – Con una vaca, ¿qué hacemos? si la vaca viene a oler la flor y nos pisotea todo. – Bueno, vamos a hacer esto: la vaca nos puede servir. – ¿Para qué? – Y nos puede servir para llevar la semilla un poco más allá. – Ya sé, dispersores de semillas (le van a llamar los biólogos). – Sí, dispersores de semillas, la vaca se come la planta que está madura con semillas, la ablanda, y va y caga en otro lado, y allá va la semilla, que tiene una cutícula que no deja que los cuatro estómagos de la vaca la puedan digerir. Entonces, en la caca de vaca salen semillas. Salen plantas de árboles, de yuyitos, de un montón de cosas. – Listo, dice, ya tenemos las vacas en el bolsillo -. Y así, ¿no?, van viendo que hacen con cada animal que va apareciendo.

Un buen día, en el sexto día de la creación, aparece el hombre en el planeta. A los judíos y cristianos los hace Jehová. Dios para los musulmanes, no sé, pero musulmanes también. Para los budistas... no sé quién los hace, pero alguien lo hace ¿no?, y para los brahmanes, los hindúes no sé tampoco, pero aparece el hombre.

El más gil, el más gil, vea, porque los demás aparecían y decían ¿qué morfo? ¿dónde me guarezco? ¿Cómo hago para criar los chicos? En fin, eran problemas de ese tipo, y este llegó y dijo – Acá estoy muchachos. Soy el dueño, les voy a poner nombre a todos, los voy a comer, los voy a clasificar, los voy a usar, los voy a esclavizar, porque todo lo que no sea hombre, es inferior, y yo puedo hacer lo que quiera, por eso soy el dueño, el rey de la creación, la última creación, el último modelo de la vida en este planeta.

Ya llegamos, y si, los demás hasta ese momento venían más o menos bien cuando aparecimos nosotros. Bueno, imagínate, mira cómo estamos, ¿no? ¿cómo estamos?

Bueno, y las plantas, – que no, y este gil ¿qué se la cree que hacemos? – Primero acerte la tonta, si se apiola que sos un ser inteligente, ahí nada más te va a esclavizar, te va a cagar a patadas. Te va a atar. – No, no, no. Que crea que somos parte del paisaje.

Y todavía los humanos seguimos creyendo que las plantas son parte del paisaje. Algún humano más lúcido, mira y ve, que el algarrobo tiene una posición de sueño y otra posición cuando está despierto, decimos. ¡Ah!, no es el paisaje, es alguien.

Pero el resto pasa, y toda nuestra educación nos dice piedra-planta-animal-humano, es la escala, ¿no? Bueno, en el medio bacterias-arqueobacterias-protozoos y demás para los biólogos, pero para el común de la gente piedra-planta-animal-humano, como que el humano no fuera animal. Bueno, tenemos un animal y todas esas cosas que tenemos.

Tener o decimos que tenemos para justificar que nos comemos: los chanchos, los pajaritos, las plantas y todo lo demás. Y que somos los reyes y dueños de la creación. Y la planta dijo, – ¿Qué hacemos con los humanos, los envenenamos? – No, se van a apiolar, se van a envenenar tres o cuatro y no van a comer más esta planta. Pensemos y no sé, dice, me vienen y me morfan a toda hora, terrible lo que le hace a la lechuga cada vez que aparece un humano.

¡Son como los cuises!

- Y hagamos una cosa, ¿si nos pongamos amargas? Se pusieron amargas y los humanos no las comíamos, y después probamos de vuelta, ya está más dulzona. Están más dulzonas cuando están llena de semillas... Entonces el humano come.

Después de comer, unas horas después, hace caca. Entonces iba y lo hacía en otro lado, porque no se iba a quedar sentado al lado de la lechuga... Andaba por ahí viendo, qué pasaba... qué onda... para allá una vez, bueno, y así, acá, más allá... Y la plantita lograba colonizar un nuevo espacio: dispersores de semillas.

¡Epa! Tantas filosofías que dicen ¿Por qué venimos? ¿Para qué estamos? ¿De dónde venimos? ¿Cuál es nuestra función y misión en el universo? Es triste porque creíamos que éramos lo más grande, ¿no?, pero no biológicamente.

Ecológicamente, nuestra función en este planeta de las plantas, mirá, se reduce a ser dispersores de semillas por los frutos que comimos. Por las semillas con pinchos que se nos prenden en la ropa, en los pelos. Somos dispersores de semillas.

Dispersores de semillas que cada vez vienen en los distintos modelos de animalitos de este planeta, vienen con más recursos intelectuales. Los recursos intelectuales del humano le dieron para llevar semillas de un continente a otro, y fíjate si seremos exitosos como dispersores de semillas, que la Argentina está llena de soja, que es de Oriente, que nada hubiera tenido que hacer acá y hemos llenado Latinoamérica de soja.

Las hojas contentas, porque si bien las hemos modificado, las hemos jodido en su genoma, saben perfectamente que si los humanos o cuando los humanos hayan desaparecido, ... en 200 años, ellas vuelven a ser la soja que eran, porque ya no va a haber nadie tirando glifosato, y no va a necesitar ese cambio genético que se le hizo para que resista el glifosato. ¡Wow!

Mira chiquito, el destino del hombre... no, no era, no estamos destinados a grandes cosas, pero es mitológico, ¿no? Bueno, pero también tenemos un destino de seres felices, de seres en común unión con el resto de los seres del planeta. ¡Wow!

Y eso ¿te parece poco?, o vos quería ser el héroe, ¿no? El héroe de SOS, cuando logras equilibrarte, vivir equilibradamente, vivir comunitariamente con los demás seres, con los demás humanos, con las plantas, con los animales, con los insectos. Bueno, la idea era que nos viéramos un poco más claramente, no con estos espejos que nos distorsionan y nos hacen unos seres sobrenaturales.

Hacemos esto, pero esto se puede hacer con una gran felicidad y aportando al ecosistema de este planeta, en vez de destruirlo como lo estamos haciendo ¿no?

Bueno, función del humano en el planeta en el ecosistema: dispersores de semillas. ¿Y las plantas? Y las plantas nos cuidan como dispersores de semillas. Por ejemplo, un durazno, una planta dura, ¿para qué quiere la pepa? Sobra ¿para que quiere ser semejante fruta peludita, rosada, perfumada, dulce jugosa?, ... no sé, si no se te hace agua la boca cuando lo digo, bueno, lo hace para que un gil agarre el durazno, lo arranque de la planta y se lo vaya comiendo, y tire la pepa más allá.

Claro, no puede depender del viento. Imagínate el viento que tendría que ser para llevarse los duraznos acá, un kilómetro, a 10 metros, no hay forma. Entonces tiene también toda una parafernalia publicitaria para que nos llevemos la semilla y la tiremos en otro lado.

Las plantas, las dueñas de este planeta que tienen una estrategia para cada cosa. Yo hace muchos años que vengo diciendo esto y suena a locura. Ha habido algunos autores que nos hacen pensar que sí, que las plantas oyen, que las plantas toman decisiones, que las plantas tienen memoria, que las plantas pueden cambiar conductas por aprendizaje, pero no había mucho al respecto y está muy mezclado también con una visión más espiritual, lo cual la alejaba de cualquier planteo científico. Hoy está Stefano Mancuso. Anótalo: Stefano Mancuso. Es un biólogo, profe, en la Universidad de Firenze, Florencia.

Y mira, ¿sabes?, la cátedra de neurobiología vegetal, y el coso este, el Stefano Mancuso, que tiene videos libros y demás, se dedica a estudiar los comportamientos de las plantas. El tipo nos dice que las plantas, además de los cinco sentidos que tenemos nosotros, tienen 15 más. ¿Que me decís? Tienen estrategias y planificaciones absolutamente para todo...

Y es lógico si son la base de la vida en el planeta, porque son las únicas y saben hacer de comer. Si son las que nos dan oxígeno continuamente porque en la fotosíntesis les sobra oxígeno, y lo tira en el aire y nos permiten respirar. Si, son lo único que nos permite vivir en este planeta.

Lógicamente tienen que estar siempre sobreviviendo, y con estrategias de supervivencia muy superiores a la de cualquier especie no vegetal, porque si ellas desaparecen, no habremos más nada, nos morimos nosotros sin las plantas. Si mueren las plantas, no tenemos que comer, ni que respirar, y ahí se nos terminó la vida. Bueno, acuérdense: Stefano Mancuso.

3.   El planeta de las plantas [III]

"Allá en la noche un grito
Y se escucha lejano
Cuentan al sur
Es la voz del silencio
En este armario hay un gato encerrado
Porque una mujer
Porque una mujer
Defendió su derecho
De la montaña se escucha la voz de un rayo
Es el relámpago claro de la verdad
En esta vida santa que nadie perdona nada
Pero si una mujer, pero si una mujer
Pelea por su dignidad
Ay, morena
Morenita mía
No te olvidaré
Ay, morena
Morenita mía
No te olvidaré
Que me doy mi lugar porque yo soy mujer
Y todo lo que me pasa no me lo puedo creer
Tanto tu y la mentira y los cholos me ven
Si lo quiero o no quiero es mi gusto querer
De tu carne a mi carne, dame un taco de res
Los prefiero y los quiero al
Que me dé de comer
Ya probé el que es ajeno
Es el pan que no quiero
Que la voluntad del cielo me mande al primero
Que me quiera como soy

A ese sí que no lo quiero
A ese sí que no quiero
A ese sí que no quiero
Te seguí los pasos, niña
Hasta llegar a la montaña
Y seguí la ruta de Dios
Que las animas acompañan
Te seguí los pasos, niña
Hasta llegar a la montaña
Y seguí la ruta de Dios
Que las animas acompañan
Allá en la noche un grito
Y se escucha lejano
Cuentan al sur
Es la voz del silencio
En este armario hay un gato encerrado
Porque una mujer
Porque una mujer
Defendió su derecho
De la montaña se escucha la voz de un rayo
Es el relámpago claro de la verdad
En esta vida santa que nadie perdona nada
Pero si una mujer, pero si una mujer
Pelea por su dignidad
Ay, morena
Morenita mía
No te olvidaré"

Mi nombre es Digna Ochoa y Placido [ii]. Canción "Dignificada", de Lila Downs.

Y decíamos que las plantas, que se yo, duraznero, limonero y demás, tienen sexo, y tienen sexo en sus flores. Las flores son los órganos sexuales de las plantas, y hay plantas hermafroditas, que escándalo, plantas hermafroditas. Bueno, hay plantas hermafroditas, hay plantas con flores macho, plantas con flores hembra, y plantas con ambas flores en la misma planta que dan flores macho y flores hembra.

Bueno, como ven hay muchas estrategias sexuales de reproducción en las plantas, nadie discrimina en el mundo vegetal a una planta por dar flores femeninas, ni por dar flores hermafroditas, ni flores auto estériles, porque muchas veces una planta que vive en un desierto, donde la próxima planta de la misma especie estará, qué sé yo, a 50 km. Bueno, si le toca que las dos son machos o las dos son hembras, se pierde la especie en esa zona.

Entonces la solución fue tener los dos sexos en la misma planta, en la misma flor, pero siendo aún auto estéril, es decir que no se puede polinizar a sí misma, ya con que haya dos está asegurada la reproducción de la especie. Bueno, nadie discrimina por estas cuestiones sexuales en el mundo vegetal, solo nosotros se nos ocurre la estúpida idea de discriminar por sexo, orientación sexual, o lo que fuere.

Las plantas, que llevan tan bien encima su vida esto del sexo, lo usan para reproducirse. No sé cuánto disfrutan, de ello, desconozco, nunca fui planta o ya no lo recuerdo, pero hay algunos datos, así que te hacen pensar, ¿no?, por ejemplo: las plantas dan flores masculinas y femeninas, como en el nogal, viste. El nogal. Te fijaste como el nogal en la punta de la ramita tiene dos pelotitas que son las flores femeninas y además tiene como unos aros colgantes, unas cositas que cuelgan muy lindas que se llaman amentos, y que son las inflorescencias masculinas, un montón de florecitas masculinas colgando en una tirita. ¡Bárbaro! ¿Cuál queda en la planta? Y, la femenina, las flores masculinas son efímeras, duran pocos días. Cumplida su misión, desaparecen.

Mira vos, en el mundo vegetal las que quedan, las que valen, son las hembras. Mira vos, ¿no? Y parece que nosotros, en nuestra especie, de una forma distinta, como que en realidad el fuerte es el que vale. En realidad, valemos nosotros lo mismo, porque si no hay macho y hembra, no hay especies. Pero se nos ha dado por jerarquizar, así somos los humanos de giles. Jerarquizar y en esa jerarquía, por supuesto, salimos ganando los varones: las mujeres son inferiores, son débiles.

Bueno, estadísticamente viven más tiempo que nosotros. Las mujeres tienen un umbral de dolor totalmente distinto, una capacidad de resiliencia que nos tiran el chico lejos ante situaciones de conflictos graves, los varones claudicamos mucho antes que las mujeres, y como colectivo los varones somos muy de claudicar y los colectivos de mujeres, bueno, estamos viendo cómo están funcionando hoy en el planeta que hasta en una de esas salvan el planeta.

Bueno, las flores femeninas quedan en la planta, y hacen el fruto que llevan los bebés adentro, las semillas. Las flores masculinas duran unos días, y se caen.

Mira qué interesantes cosas que pasan en el mundo vegetal. El sexo, el sexo de los vegetales. Imagínense durante tanto tiempo, secreto, que las plantas estaban ahí... parte del paisaje. Y un buen día el Carl Von Linneo habla del sexo vegetal. ¡Era un escándalo! Lo cuenta muy lindo Jean-Marie Pelt, les recomiendo el libro las plantas de Jean-Marie Pelt, es bueno, y él cuenta esto.

Cuenta el escándalo que era. Imagínense en una misa solemne, donde había floreros enormes con 60 o 100 azucenas blancas, el símbolo de la pureza en medio de la misa, que la gente pensara que esas azucenas estaban teniendo sexo frenéticamente en medio de la misa, era un escándalo. Bueno, nosotros nos enteramos hace poco relativamente en la época de carbón.

Que las plantas tenían sexo antes ni se nos ocurría, y los campesinos de Esmirna, en Turquía, hoy Turquía, ya lo sabían. Ellos tenían los higos, que todavía son famosos y re caros, bajo una casa. Frutos secos e higos que valen muy muy mucho y solo vienen de allá. Y los higos de Esmirna, si no están fecundados se pudren: no los podés secar. Entonces, estos muchachos, los campesinos de Esmirna, hace 5000 años, donde las higueras son todas hembras (son flores femeninas), entonces estos chicos le compraban a los mercaderes que pasaban en caravanas de camellos, ramas de cabrahigo, que es una higuera macho silvestre, que venía con el bichito que saliendo del agujerito del higo se metía en el agujerito de los otros higos femeninos y los polinizaba, con el polen de estas ramas que le compraban.

Mira, una vez más, los campesinos saben de qué se trata, y a nosotros nos lleva tanto, pero tanto pero tanto tiempo.

4.   Lo que yo siento

Les quiero leer un poema de Lorca. ¡Pretencioso, hermano!
¡Y mira lo que va a hacer, leer un poema de Lorca! Bueno, les
cuento que es del Romancero Gitano, es del Romance de la
Guardia Civil Española[iii].

"Los caballos negros son.
Las herraduras son negras.
Sobre las capas relucen
manchas de tinta y de cera.
Tienen, por eso no lloran,
de plomo las calaveras.
Con el alma de charol
vienen por la carretera.
Jorobados y nocturnos,
por donde animan ordenan
silencios de goma oscura
y miedos de fina arena.
Pasan, si quieren pasar,
y ocultan en la cabeza
una vaga astronomía
de pistolas inconcretas.

¡Oh ciudad de los gitanos!
En las esquinas banderas.
La luna y la calabaza
con las guindas en conserva.
¡Oh ciudad de los gitanos!
¿Quién te vio y no te recuerda?
Ciudad de dolor y almizcle,
con las torres de canela.

Cuando llegaba la noche,
noche que noche nochera,
los gitanos en sus fraguas
forjaban soles y flechas.
Un caballo malherido,
llamaba a todas las puertas.
Gallos de vidrio cantaban
por Jerez de la Frontera.
El viento, vuelve desnudo
la esquina de la sorpresa,
en la noche platinoche
noche, que noche nochera.
La Virgen y San José
perdieron sus castañuelas,
y buscan a los gitanos
para ver si las encuentran.
La Virgen viene vestida
con un traje de alcaldesa,
de papel de chocolate
con los collares de almendras.
San José mueve los brazos
bajo una capa de seda.
Detrás va Pedro Domecq
con tres sultanes de Persia.
La media luna, soñaba
un éxtasis de cigüeña.
Estandartes y faroles
invaden las azoteas.
Por los espejos sollozan
bailarinas sin caderas.
Agua y sombra, sombra y agua
por Jerez de la Frontera.

¡Oh ciudad de los gitanos!

En las esquinas banderas.
Apaga tus verdes luces
que viene la benemérita.
¡Oh ciudad de los gitanos!
¿Quién te vio y no te recuerda?
Dejadla lejos del mar,
sin peines para sus crenchas.
Avanzan de dos en fondo
a la ciudad de la fiesta.
Un rumor de siemprevivas
invade las cartucheras.
Avanzan de dos en fondo.
Doble nocturno de tela.
El cielo, se les antoja,
una vitrina de espuelas.

La ciudad libre de miedo,
multiplicaba sus puertas.
Cuarenta guardias civiles
entran a saco por ellas.
Los relojes se pararon,
y el coñac de las botellas
se disfrazó de noviembre
para no infundir sospechas.
Un vuelo de gritos largos
se levantó en las veletas.
Los sables cortan las brisas
que los cascos atropellan.
Por las calles de penumbra
huyen las gitanas viejas
con los caballos dormidos
y las orzas de monedas.
Por las calles empinadas
suben las capas siniestras,

dejando detrás fugaces
remolinos de tijeras.
En el portal de Belén
los gitanos se congregan.
San José, lleno de heridas,
amortaja a una doncella.
Tercos fusiles agudos
por toda la noche suenan.
La Virgen cura a los niños
con salivilla de estrella.
Pero la Guardia Civil
avanza sembrando hogueras,
donde joven y desnuda
la imaginación se quema.
Rosa la de los Camborios,
gime sentada en su puerta
con sus dos pechos cortados
puestos en una bandeja.
Y otras muchachas corrían
perseguidas por sus trenzas,
en un aire donde estallan
rosas de pólvora negra.
Cuando todos los tejados
eran surcos en la tierra,
el alba meció sus hombros
en largo perfil de piedra.

¡Oh, ciudad de los gitanos!
La Guardia Civil se aleja
por un túnel de silencio
mientras las llamas te cercan.

¡Oh, ciudad de los gitanos!
¿Quién te vio y no te recuerda?

Que te busquen en mi frente.
juego de luna y arena"

Para moverte, para movilizarte, pretendiendo que, si tenemos alguna empatía, sientas algo parecido a lo que yo siento con esto.

Y a veces viene alguien y nos dice de esta manera algo -que también dijo Lorca- "Y por eso lo mataron". Por decir estas cosas corremos el riesgo de que se naturalice esta mierda. De que estemos a mediodía del domingo de un día de semana comiendo tallarines en casa charlando, y pasan de que hubo un desalojo de 120 familias en Juárez Celman, ¡tan, tan! Y ya está, y es una noticia más.

Bueno, a veces pasa más de una vez situaciones similares, no la dejemos pasar, lo vivamos con esto que nos dijo Lorca, lo vivamos con furia, lo vivamos con solidaridad, y lo vivamos con participación nuestra, no estamos para nada en la España franquista, estamos en democracia.

No paso de mis venas, no paso de mi nudo en la panza, que se ha aflojado, pero bueno, en realidad se ha aflojado porque te lo he dicho; viste que hay cosas que cuando se las dice aflojan, aflojan el nudo en la panza. Esto no era una catarsis, esto era para que se te haga un nudo en la panza y puedas hablar, participar, llevando remedios, alimentos, abrigos, llevando ... mira, hay gente que ha ido a llevar canciones para niños porque esos niños no están asistiendo a la escuela, no, no, nada, esos padres han estado con tal estrés que están viendo, moviéndose, ... que la cooperativa, que esto, que aquello, que qué les dice el Gobierno, que el Ministerio, que esto, que bueno. Hay gente que ha ido a contarles cuentos, a cantarles canciones, hacerle juegos. También podés comentarlo con tus amigos, con tus vecinos, con todos aquellos que creyeron que era solamente un desalojo de 120 ilegales, como si fuera a ser ilegal ser humano.

Bueno las plantas claro. Sí, uno lo escucha al Manuel para escuchar de la planta y va, pero también lo escucha a veces por otras cosas ¿no? ¿Qué hago con las plantas en medio de estas heladas? Ah, claro. Bueno, en Cosquín, en casa marcaba el termómetro, en un momento dos bajo cero, tres bajo cero, cuatro bajo cero, y ya no salí más...

Quien atempera el cambio de temperatura es el agua. El agua tarda mucho en calentarse y mucho en enfriarse, ¿no? Así, el aire que se calienta al toque y se enfría rápidamente. Entonces, si riego cuando considero que hay riesgo de heladas, y cuando es una, porque me lo dice el pronóstico, otro porque hace mil años que vivo en el campo, me doy cuenta, si, rápidamente porque soy muy conocedor del clima. Son las 10 de la noche y está estrellado, no hay una nube, mira, pone la firma que hay helada; y... bueno, mejor que hayas tomado las precauciones.

Riego, riego bastante, porque puede que la helada sea muy fuerte y queme las plantas arriba, pero yo estoy generando una zona de humedad alrededor de las plantas, porque he mojado el piso donde va a ser mucho más lento, más paulatino el cambio de temperatura. El enfriamiento va a ser mucho, pero mucho más lento; entonces eso le va a permitir a la planta soportar estas heladas, que no son ni muy prolongadas, ni muy bajas las temperaturas; y a su vez, si la temperatura fuera muy baja y la planta se quemó, la capa de hielo que se forma en el suelo regado es térmica, no deja bajar de cero grados al suelo que hay por debajo de ella. Por eso los chicos estos que viven allá en el norte de los fríos de los hielos, los esquimales, hacen sus casitas de bloques de hielo. ¿Se morirán de frío? No, no, justamente afuera hay 60 grados bajo cero y ellos tienen cero grados.

Tradicionalmente, durante muchísimos años, cientos, no sé, miles, ¡eh!, vivieron en estas casas de hielo, porque justamente el hielo es un aislante térmico. Entonces, sabiendo eso, vos dejas regado el suelo, está mojado, se congela. Pero se congeló el suelo... ¿se va a morir? No, no, no, no, de esa línea para abajo, las raíces quedan vivas, los bulbos quedan vivos, los rizomas quedan vivos, y si quedó algo de cuello de la planta bajo esa línea, también la planta va a rebrotar fácilmente.

¿Dónde voy a poner las plantas que tengo en macetas y estaban afuera en la galería? ¿Qué planta es? ¿Un naranjo? Y mira, protégelo bien, que se va a helar. Un limonero, más vale que sí, envolvélo y guárdalo, no lo dejes afuera. Lo que tengo es un rosal. Sí, el rosal se lo banca, regá, regá la maceta.

¿Qué más tengo? ¿Un duraznero? El duraznero se lo banca perfectamente. ¿Un guindo, un cerezo? También lo soportan. Un frambueso también lo soporta. Un pino también lo soporta; es decir, hay un montón de plantas que lo van a soportar. Las plantas autóctonas, todos los arbustos y árboles de la zona, también lo soportan; justamente hace miles de años que viven aquí, así que no tienen problemas, no los tenemos que proteger, guarecer, hacer invernaderos para ellos, ni cuando queremos sembrarlos para reproducir autóctonas van en invernaderos. Estructuras, no, no, si son de acá; con que estén abajo de un árbol grande, ya está todo bien. Entonces cuidamos las plantas, vienen los fríos, no nos asustemos, no nos aterremos, no transformemos la casa así en una selva metiendo todas las plantas. Algunas hace falta guardarlas, y otras no.

El modelo agroecológico es una forma de pararse ante la vida.

"Están lloviendo mujeres,
Un vendaval de polleras,
Risas, lágrimas, banderas,
Desafiando a los poderes.
Están lloviendo mujeres
se asustan las tradiciones.
Las viejas en los balcones
No se mojan de mujer;
No se animan a coger
Sus nuevas obligaciones.
Llueven sin parar mujeres
Mojan las plazas repletas.
A cántaros llueven tetas
Que no hicieron los deberes.
Llueven sin parar mujeres
Y enfrentan la guerra santa.
La lluvia de nenas canta
Reclama torrencialmente
Con un pañuelo valiente
Desatado en la garganta.

Las columnas torrenciales
Empiezan a caer de a gotas.
Pisan las baldosas rotas
Y saltan las catedrales.
Las columnas torrenciales
Avanzan regando el suelo.
La lluvia se suelta el pelo
Frente al altar sacrosanto.

Y parece mientras tanto
Que se está cayendo el cielo.
Están matando las lluvias,
Por más que se quieran vivas,
¿Porque son provocativas,
¿Porque se tiñen de rubias?
Están matando las lluvias
Y por eso están reunidas.
Para salvarse las vidas
Hacen lo que se les cantan.
Y por eso se levantan,
Por otras lluvias caídas.

Por eso están desbordadas
Se vienen fuertes crecientes.
Mojando los expedientes
como un mar de sudestadas.
Por eso están desbordadas
Son un río de estandartes.
Anuncian lluvia hasta el martes,
Hasta el culo de los jueces.
Nunca llovió tantas veces
Libertad por todas partes.

Está lloviendo mujer.
Nos están mojando a todos.
Felices codos con codos
Las polleras con poder.
Está lloviendo mujer,
Dicen que no va a parar.
El tiempo va mejorar.
Están lloviendo gurisas.
Están lloviendo las risas
Que ya no van a matar." [iv]

5.   Hacéte tu jardín como a vos te gusta

Bueno, te dije: hacéte tu jardín como a vos te gusta, con algún consejo; consejo, no órdenes, no directivas.

La idea es que no nos dejemos mutilar. Yo quiero un jardín que me permita jugar, reír, cantar, escuchar, sentir perfumes, sabores, texturas. Encontrarme con el otro, encontrarme conmigo, encontrarme con los seres del jardín, las plantas, los insectos, los pájaros. ¡Wow!, mira, es como un bosque encantado, y un jardín, nada más que un jardín.

Y vienen pájaros de otros lados; los pájaros vienen y cantan. Se van, comen una hojita, comen un bichito, alguno por ahí hace un nido en el jardín... ¡wow!. Mira, esa suerte va a tener en una es así ¿no?. Cuando el jardín esté maduro, cuando vos no seas una molestia en el jardín, cuando vos te integres al jardín, o te acerques a quedarte en contemplación mirando el jardín, mirando una flor, mirando una planta, mirando el cielo a través de tus plantas, ahí cuando estés tranqui, sereno, probablemente algún pájaro decida quedarse más tiempo del habitual en tu jardín.

No nos dejemos mutilar un jardín, no tiene que ser una pantalla para que no vea el vecino del frente, el de la vuelta, el que pasa en el auto, no solamente un jardín tiene que resguardar mi intimidad sino asegurar una intimidad satisfactoria. No tengo por qué mostrarlo al jardín. Puede tener un muro todo alrededor, y hasta te diría que es mejor que lo tenga. Puedo salir muy libre de ropas en verano a mi jardín, puedo salir desnudo a mi jardín, la familia puede salir desnuda a mi jardín porque tiene un muro y no perturbo ni molesto a la vida de la ciudad, ni del barrio, ni del pueblo.

Uh, mira, tantas libertades me puede dar un jardín; sí, muchas, muchas, muchas libertades; no tengo que permitir que me cercenen las libertades.

Quiero tomar decisiones incluso en la forma y colores y dimensiones de mi jardín, que no tiene por qué ser jardines de Versalles, ni jardines japoneses, ni modernos no. Mi jardín, mi jardín, que va a tener particularidades como tenía el jardín de la abuela, de la abuela de Juan, de la tía abuela de Marta, totalmente distintos. Pero tenían una pava vieja con una plantita con flores, ¡epa! y tenía una pelela que había sido de su hijo cuando era chiquito. Esa pelela tenía también, no sé, una hierbabuena. ¡Mira!, había elementos de la historia familiar puestos como macetas, como contenedores de plantas... ¡Wow! ¿querés más integración en un jardín?

No es una pava de cobre recién comprada para poner en el jardín, no, es la pava vieja, magullada, llena de hollín con la tapa aplastada y con el asa rota, esa pava, la que tiene una historia, la que cualquiera de los integrantes más jóvenes de la familia puede llegar y saber cuál es la historia de esa pava. ¿De quién era? ¿Cuándo la usaban? ¿Quién tomaba mate, o hacían un té? !Wow! Esa pelela que le da vergüenza a Martita, que tiene ahora como 60 años, porque era la pelela de ella, pero cuanto amor hubo en esa madre para guardar esa pelela y ponerla con flores en el patio, mira y va incorporando cosas, ¿no? El juego de bolitas que quedó que ya Juan no lo usa más.

Juan es un hombre grande y esas bolitas quedaron una pequeña fuente con una cascadita de agua, sobre vidrio transparente con colores, y no son cualquier piedrita de color que compraste para poner en la fuente de agua, porque está de moda la fuente, ¡viste! No, no es una fuente de agua que hiciste con una palangana que tenías de cobre vieja donde la bisabuela hacía... qué sé yo... tururú, no, praliné, el praliné se hace ahí y ahí le pusiste las bolitas de vidrio.

¡Wow!, mira cuántas cosas, cuánto podés integrar en ese jardín. Es importante que no nos mutilen la creatividad, las decisiones. Che, al final un jardín es como la vida. Mira, es importante que no nos mutilen, es importante que no nos cercenen, es importante que no decidan por nosotros, pero si sos mujer sos del otro 50% de mi especie, de nuestra especie, es muy frecuente que decidan por vos, y que pretendan decidir por vos. Últimamente estamos en situaciones bastante reñidas, conflictivas con esto de las decisiones.

¿Cuántos llevamos? ¿10.000 años de imbecilidad profunda lleva la especie? Nos perdemos el 50% de la capacidad intelectual de la especie, las mujeres, porque solo sirven para limpiar la casa, amamantar a los chicos, llevarlos a la escuela, lavar la ropa, y con suerte un poco en la cama. Che, para, y cuando levantan la cabeza, cuando demuestran que tienen tanta más capacidad que cualquier hombre, ahí es cuando las matamos, y no es de hoy. Con los machirulos imbéciles que andan por ahí, entérate que le pasa en este mundo de estúpidos en el que vivimos, a una mujer cuando estudia, cuando aprende, cuando enseña.

Estamos hablando del año 300 de nuestra era. Hipatia, con "H" y la "i" latina, de Alejandría. Bueno, la bajaron del carro los cristianos, ¿no? En el año 300 de nuestra era, en Alejandría la bajaron del carro, la mataron con conchas afiladas la desmembraron, la cortaron en pedazos, la tiraron por todos lados, se la dieron a los perros. Parece que el que les dijo a los cristianos que lo hicieran era Cirilo, obispo de Alejandría. Ni la vida de ella ni la vida del caballo salvaron, y al obispo Cirilo de Alejandría (la Iglesia siempre preocupada por las vidas) lo nombró Santo.

"Canta, hermano canta
quien canta su mal espanta
su mal espanta
Canta, hermano canta
quien canta su mal espanta
su mal espanta (ohh)

Quita esa pena que tiene negro
entre el alma cuñá muy bien
entre el alma cuñá muy bien digo
entre el alma cuñá
Quita esa pena que tiene negro
entre el alma cuñá muy bien
entre el alma cuñá muy bien digo
entre el alma cuñá

Y es que hay mucho que perder
con el corazón cerrado
Y es que hay mucho que perder
con el corazón cerrado

Los años van escapando
Y es que no pasan en vano
Los años van escapando
Y es que no pasan en vano

Saca esa rabia y tira pa' fuera
Saca esa rabia
Saca esa rabia y tira pa' fuera

tira pa' fuera (ohh)

Canta, hermano canta
quien canta su mal espanta
su mal espanta
Hermano canta
quien canta su mal espanta
su mal espanta
(Interludio palmas de cueca)

Y es que hay mucho que perder
Con el corazón cerrado
Y es que hay mucho que perder
Con el corazón cerrado

Los años van escapando
y es que no pasan en vano
Los años van escapando
y es que no pasan en vano hermano

Saca esa rabio y tira pa' fuera
Saca esa rabio y tira pa' fuera

Canta, hermano canta
quien canta su mal espanta
su mal espanta
Canta, hermano canta
quien canta su mal espanta
su mal espanta (ohh)

quien canta su mal espanta
quien canta su mal espanta
quien canta su mal espanta
quien canta

quien canta
quien canta"[v]

Que no nos mutilen, que no nos cercenen, que no nos quiten libertades. Esos paradigmas que no sirven, pretendo romperlos desde acá, meterme a tu casa a romper esos paradigmas. Uno los guarda como si fueran, qué sé yo, una porcelana de la abuela, y cuando se rompen vemos que no che, no era ni papel mache, ni la porquería esta del paradigma, y solamente nos molestaba, y ni siquiera era de la abuela. La abuela también lo había heredado de los tatarabuelos, y nos molesta, y nos jode como todas estas cosas del heteropatriarcado... ¡Wow! Y parece que fue así desde el principio de los siglos, por los siglos de los siglos, amén. Porque así lo quisieron los dioses, ... ¿no? !loco!

En algún momento pegamos una curva inconsciente sin darnos cuenta, y empezamos a montar media humanidad sobre la otra mitad, ¿no? Y como si fuera un caballo, y allá vamos por arriba de la mitad de la humanidad cabalgando.

Pretendo romper algunas cosas que no nos hacen bien, que si estoy criando niñez, que van a recibir toda esa mierda desde la sociedad, a ver qué puedo neutralizar en casa, sin transformarlos en extraterrestres, sin transformarlos en, qué sé yo, en chicos raros, que puedan plantarse si alguien hace un mal chiste sobre lo heteropatriarcal, que pueden plantarse y decir "no, no es así", sin temor en la escuela, en el juego, en el club, donde estén. Imagínate que nuestros nietos pueden vivir en una paridad de derechos de los géneros, imagínate.

"Si no creyera en la locura
De la garganta del sinsonte
Si no creyera que en el monte
Se esconde el trino y la pavura
Si no creyera en la balanza
En la razón del equilibrio
Si no creyera en el delirio
Si no creyera en la esperanza
Si no creyera en lo que agencio
Si no creyera en mi camino
Si no creyera en mi sonido
Si no creyera en mi silencio
¿Qué cosa fuera?
¿Qué cosa fuera la maza sin cantera?
Un amasijo hecho de cuerdas y tendones
Un revoltijo de carne con madera
Un instrumento sin mejores resplandores
Que lucecitas montadas para escena
¿Qué cosa fuera, corazón, qué cosa fuera?
¿Qué cosa fuera la maza sin cantera?
Un testaferro del traidor de los aplausos
Un servidor de pasado en copa nueva
Un eternizador de dioses del ocaso
Júbilo hervido con trapo y lentejuela
¿Qué cosa fuera, corazón, qué cosa fuera?
¿Qué cosa fuera la maza sin cantera?
¿Qué cosa fuera, corazón, qué cosa fuera?
¿Qué cosa fuera la maza sin cantera?
Si no creyera en lo más duro
Si no creyera en el deseo
Si no creyera en lo que creo
Si no creyera en algo puro
Si no creyera en cada herida
Si no creyera en la que ronde

Si no creyera en lo que esconde
Hacerse hermano de la vida
Si no creyera en quien me escucha
Si no creyera en lo que duele
Si no creyera en lo que quede
Si no creyera en lo que lucha
¿Qué cosa fuera?
¿Qué cosa fuera la maza sin cantera?
Un amasijo hecho de cuerdas y tendones
Un revoltijo de carne con madera
Un instrumento sin mejores resplandores
Que lucecitas montadas para escena
¿Qué cosa fuera, corazón, qué cosa fuera?
¿Qué cosa fuera la maza sin cantera?
Un testaferro del traidor de los aplausos
Un servidor de pasado en copa nueva
¿Qué cosa fuera, corazón, qué cosa fuera?
¿Qué cosa fuera la maza sin cantera?
Un eternizador de dioses del ocaso
Júbilo hervido con trapo y lentejuela
¿Qué cosa fuera, corazón, qué cosa fuera?
¿Qué cosa fuera la maza sin cantera?
¿Qué cosa fuera, corazón, qué cosa fuera?
¿Qué cosa fuera la maza sin cantera?"[vi]

6.   Doña Luisa

Manuel, Manuel, ¿!qué hago con las hormigas, las hormigas!?
¡Como están con las hormigas... !Wow!

Viene la primera: se comen todo, no comen, se lo llevan las
hormigas. Mira vos. ¿Sabes dónde viven las hormigas? En
todo el planeta, solamente no viven en los círculos polares;
que van a hacer ahí, muertas de frío. Bueno, pero fuera
de los círculos polares, en las zonas más frías, en las más
calientes, en las más pobladas, en las más despobladas, en
los desiertos, en la montaña, en alta montaña, a orillas de los
mares, de los lagos, de los ríos, en las selvas. En todos lados
están las hormigas.

Cumplen algunas funciones, claro, si faltaran el mundo no
sería lo mismo. Las que te cortan el limonero dan vuelta
cantidades monstruosas, toneladas y toneladas y toneladas
de tierra todos los años en los campos, y fertilizan el suelo con
los sobrantes de su cultivo de hongos, con sus excrementos,
con las maderas y palitos y cositas que trituran y tiran afuera,
todo eso pasa a ser comida para el suelo, y luego, por ende,
alimento para las plantas. Mira vos. Las hormigas.

Hormigas: hay registradas unas 14.000 especies en el planeta.
14.000 especies, te das cuenta... Se calcula que son 22.000
más o menos, porque todos los días se registran nuevas que
no sabemos que estaban, porque además están en los lugares
más increíbles, por ejemplo, ¿viste la planta carnívora?

Hay unas carnívoras que tienen una modificación de la hoja
que se llama ascidia y que parece un jarro lindo, parece un

carro cervecero con tapa (algunas), y adentro tienen un líquido, más o menos un tercio de esa jarra está llena con un líquido que digiere a los insectos que caen ahí.

El borde de esta ascidia, de esta jarra, está dobladita así para adentro. Ahí en ese borde dobladito viven colonias de hormigas, colonias no muy numerosas, 7-8 individuos con la madre. Nosotros decimos la reina, pero es la madre incluida, 7-8 individuos. Mira vos, comunidades pequeñas. ¿Sabes que hacen cuando cae un insecto al líquido? Inmediatamente se tiran a bucear en el líquido, este que digiere insectos que a ellas no les hace nada-, bucean hasta el fondo, cazan el bicho que cayó y se lo entran a morfar.

Morfan un poquito, pero un poquito, rompiendo el exoesqueleto del insecto y el líquido lo puede digerir completamente. Así que la planta no les hace nada, las deja vivir ahí. Ven, ahí no tienen predadores, ¿quién se les va a animar cuando están ahí al borde del infierno líquido? Las hormigas de las plantas carnívoras que bucean en el jugo gástrico de la planta que se morfan los insectos. Mira vos.

Se han adaptado a las condiciones más extrañas y extraordinarias del planeta; hay hormigas que viven, por ejemplo, en las acacias, árboles con gran espina que tienen un agujero al lado de la espina; en ese agujero grande, viven las hormigas. La acacia tiene como unos pezones, de donde sale un líquido azucarado y lleno de proteínas, que es el único alimento de las hormigas. Ellas viven ahí y comen eso que les da.

Cuando alguien toca la acacia, salen hechas unas locas a almorzárselo: una persona, un elefante, una mariposa, no importa, qué ahí salen a picar a morder a comérselo. Mira, la acacia es feliz, está contenta, le da de comer, las protege, les tiene esas cuchitas abajo de la espina grande. Y un buen día, la acacia, tan cuidada por estas hormigas dice - che, llega la primavera y yo siento un cierto escozor, ¿no?, ahí veo que los otros árboles tienen sexo, tienen flores, la pasan bomba, y yo... con esta cuida que tengo, ¿qué hago entonces?

Inmediatamente les deja de dar el alimento en esos pezones, y produce una sustancia que las espanta; las hormigas salen espantadas, desesperadas, y se esconden por ahí. La acacia florece dos, tres días, es polinizada; vienen las semillitas y en dos o tres días de vuelta, y comida para las hormigas, y un líquido, -chicas, vengan acá no pasó nada todo está como antes.

¿Qué me decís?, se adaptan a todas las plantas, por supuesto, dirigen esta adaptación. Como en todo, ¿no?, las plantas son las dueñas de este planeta y hacen con todos nosotros los que andamos caminando, volando, lo que se les ocurre.

Uy, uy, uy, che, ¿y las tejedoras hormigas? Tejedoras, estas hormigas toman una rama, generalmente sobre ríos, ¿no?, lugares donde no van a venir predadores, y empiezan a unir las hojas de la rama. ¿Cómo hacen?, se juntan, hacen una tira larga de hormigas y empiezan, que se yo, si son 30 hormigas y empiezan a achicar; 29, 28, 27, 26, ... entonces a medida que se acorta la tira de hormigas, se juntan las hojas de la rama. Cuando se juntaron las hojas, una hormiga las perfora mínimamente en los bordes y viene otra, viene otra con un bebé a upa, una larva de hormiga, que como todo insecto produce una línea finita de seda, seda de hormiga, entonces con esa seda, que es la cuerda más fuerte de este planeta, tanto más fuerte que el acero, con eso tejen y unen los bordes de las hojas.

Bueno, hacen un hojaldre gigantesco de milhojas, que adentro tiene cámaras de cría, cámaras de la madre, cámaras para qué sé yo, para guardar insectos, y lo llevan ahí, los guardan para comerlos. Después, no sé si tienen cadena de frío, pero bueno, los guardan y le sirven. Hormigas tejedoras. ¡Que me decís!, hormigas tejiendo con un bebé, con el líquido que larga el bebé de la hormiga, con eso no lo matan al bebé, no, lo llevan, lo traen, y toda esa baba, que es larga, que es seda, le sirve para hacer la casa. ¡Que me decís!

Hormigas tejedoras, hormigas de plantas carnívoras, hormigas de las acacias. ¡Wow! ¡Hormigas esclavistas! Hay hormigas que no laburan, todo su laburo consiste en capturar esclavas para que laburen para ellas... ¡que me decís! ¿Cómo lo hacen? Salen de excursión, ya tienen bichado el hormiguero de las esclavas, ¿no?, que son siempre de la misma especie. Van al hormiguero, llegan, ¡run!, gran pelea gran. Las hormigas tratan de defenderse, son cortadas por la mitad por las esclavistas, que todo lo que saben hacer es ser soldados y guerrear.

Bueno, las hormigas no son estúpidas, en cierto punto dicen listo casa casa, cada cual a su casa, me doy por vencida chau, cuando van unos cuantos muertos, las hormigas dicen basta, nos vamos a morir todas, ¡más vale, más vale! Tomamos la retirada, y se piran y dejan el nido sin protección.

Entonces vienen las esclavistas las soldados grandotas, ellas traen un grupo de esclavas de la misma especie del nido que han tomado. Este grupo de esclavas entran, buscan las larvas y se las llevan, se las llevan, las crían junto con las larvas de las esclavistas, de las dueñas, de las señoras, y las larvas de esclavas van a ser esclavas, y le van a dar hasta de comer en la boca a las esclavistas, que son soldados guerreros, y por ende no sirven para otra cosa, ni siquiera saben comer solas.

Bueno, las hormigas esclavistas... ¡Wow! ¡Mira!, no éramos nosotros los únicos monstruos ¿eh?, parece que hay otros seres sociales que se dedican a la misma porquería de esclavizar a otros de su especie y hacerlos laburar en vez de laburar ellos y quedarse con beneficios.

Mira vos, y como los humanos de distintas nacionalidades que iban a capturar humanos en el África, también estas hormigas van a capturar hormigas en las inmediaciones de su nido. Se adaptan a todo, a todo, parásitos de hormigueros; hay hormigas que son los parásitos de los hormigueros más grandes, hacen unas cuevas chiquititas en las paredes del hormiguero, porque ya son pequeñísimas, y andan caminando por ahí, y salen y se morfan los huevos de la hormiga dueña del hormiguero...

¿Que me decís?, y no le puede poner veneno porque se muere ella también, aparte ¿dónde va a comprar veneno una hormiga?, viste, no, que voy a buscar veneno para hormigas, ¡zas! Ahí nomás le pegan un zapatazo, seguro me está jodiendo - dice el ferretero, la supermercadista -así que no las pueden atrapar-, y bueno se llevan buena parte de los huevitos de arañas. Después te cuento lo de las arañas.

Hay comedores de néctar, hormigas que sólo comen néctar y bueno, ¿qué hacen? polinizan las flores. La planta produce un néctar que le gusta mucho al hormiguero. La hormiga viene, se come el néctar y con eso pueden iniciar las flores. Mírala vos. ¡Dispersoras de semillas!

Hay hormigas que se chorean las semillas más chiquitas de las plantas y se las llevan a su casa para comerlas allí. Le suelen poner un producto para que no germinen, si hubiera humedad, y también les van comiendo con sus dientes toda la cubierta, la cutícula y las dejan en un estado en que no pueden germinar. Mira, pueden juntar muchas semillas las hormigas, no sé, fíjate, que en un viejo libro judío hablaba de una cosa, un mito, dice, le preguntan al rey o no sé quién -a quién le corresponde, el grano el trigo encontrado en un hormiguero, si al dueño del campo o al que lo encontró-, y vos, ¿cuánto puede haber? un puñadito de trigo. Tan cagados de hambre estaban en el desierto, ¿no?

Se han encontrado hormigueros en el desierto que tienen hasta el equivalente a una bolsa de 25 kilos de trigo guardado ahí. ¡Que me decís! ¡Las hormigas! Las hormigas tenían silos para chorearse el trigo, y cultivaban, y lo siguen teniendo, ¿no?, comedores de néctar. Hay también cultivadoras de orquídeas, mira, qué paquetería, ¿no? Se dedican a cultivar orquídeas, ¿cómo hacen?

Bueno, estas chicas van y se suben a una plantita de orquídea. Y le empiezan a poner entre las raíces semillitas de orquídea que andan buscando por ahí de la misma especie y empiezan a tener más plantitas y hacer un bollo enorme como una madeja, y ella vive ahí adentro, ¿no?, por supuesto, andan polinizando esa orquídea donde la encuentran y trayéndose pedacitos del fruto para poder sembrar más semillas ahí.

Las cultivan y se toman el néctar, ¿no?, y se encierran ahí, y se comen todos los bichos que pueden, y quién las agarra en medio de una maraña de raíces de orquídeas que puede llegar a tener el tamaño de una pelota de fútbol. Y ellas son todas picadoras malas, como las coloradas, no las agarras así no más. Y sabes que suelen hacer cuando hacen una siembra nueva, cuando buscan un lugar donde no hay orquídeas, pero a ellas les conviene tener ahí el nido, van y ponen las semillitas en un nudo de la planta, en un poco de musgo, ¿eh?, justo por debajo de un panal de avispas del lugar, que cuando hace muy mucho, mucho calor, suele gotear miel que les cae arriba de su casa y tienen la comida directamente, llovida del cielo... ¡Wow! a la planta le viene muy bien, porque la caca de las hormigas es un nutriente súper, que los hongos que tienen las orquídeas en sus raíces lo degradan y se lo pasan a la raíz... ¡Que me decís!, ¿no?

Bueno, las hormigas las hormigas son tan, tan, tan, tan... ¿Sabes cuantas hormigas hay? No, no sabemos cuántas hay, pero el peso total de las hormigas del planeta es varias veces el peso total de los humanos del planeta, o sea, que, si nos pusieran a todos los humanos en una balanza y en la otra parte de la balanza pusieran todas las hormigas, nos pueden superar en 20 veces. ¡20 veces más peso de hormigas que de humanos!, y nosotros convencidos que ¡Wow!, que fuerte, que si las hormigas quieren nos morfan y no tenemos como pararlas, no tenemos como pararlas.

"Se levanta temprano, Doña Luisa
Y cuando el sol ya está aclarando
Ella ya recoge el café
Cada grano en su mano significa
Las penas que ha sufrido
Por causa de algún querer.

Pero en vez de andar llorando,
Lucha se pone a cantar
Tarareando se le olvida
El que no la supo amar
Pero en vez de andar llorando,

Si no hay tiempo pa' llorar
Tarareando se le olvida
El que no la supo amar.
El color de la piel de Doña Luisa
Se confunde con la tierra de tanta tierra que hay
La mirada tan negra que tenía
Ya se le ha vuelto verde de tanto verde mirar.

Y es que al pié de la montaña
Sólo hay verde qué mirar
Que con el rojo se mezcla del café por madurar.
Y es que al pié de la montaña
Siempre hay tiempo pa' mirar
Que con el rojo se mezcla del café por madurar.

Con la noche se acuesta Doña Luisa
Y con la luna allá alumbrando
Ella se pone a conversar.
Las historias que cuenta van llenando
El espacio que el silencio
Siempre quiere arrebatar.

Y si no hay luna que escuche
Tanta vida que contar
Para no hablarle al silencio,
Lucha prefiere cantar.
Y si no hay luna que aguante
Tanta vida que contar,
Para ganarle al silencio,
Lucha se pone a cantar"[vii]

7.   Las hormigas

Sí, y al final ¿qué hago con las hormigas Manuel? ¿Qué hago con las amigas? ¿Como las mato?

Ingenuo, no hay forma felizmente. Que si desaparecieran las hormigas el problema ambiental ecológico sería terrible en el planeta, porque cumplen las mil y una funciones. Son el nexo entre diversas especies, entre individuos muy distintos, son la comida y los predadores de un montón de seres, o sea, que, si cortamos en la hormiga la cadena se rompe malamente.

Hay especies que se lo bancan y nosotros que somos la última especie en aparecer en el planeta, que llegamos cuando ya todo estaba hecho, difícilmente podamos sobrevivir a las rupturas de las cadenas de energía de alimentación, las cadenas del ambiente -las naturales. Difícilmente podamos sobrevivir. Seguramente que muchas plantas y muchos seres lograrán zafar de una ruptura de cadena, pero nosotros... nosotros es difícil porque llegamos con todo hecho, prácticamente nada hacemos nosotros.

La comida nos la hacen las plantas, los insectos como las abejas, los mamíferos la carne la leche, el queso, ¡Wow! Los cereales, todo, todo estaba hecho. Nosotros no tenemos que hacer nada, así que, si de pronto faltan partes de la cadena, nosotros que no somos auto suficientes, ¡allá fuimos!, así, que nadie logre erradicar ninguna hormiga y que todo siga como está.

Y ¿qué hago con las hormigas? Y dales de comer. ¿Qué quieren las hormigas? Llevarse eso para hacerse el compost, para hacer el hongo. Y mira, las hormigas como cualquiera, si vos decís tengo que cocinar lunes de vuelta, salimos a comer el domingo, viste, pero el lunes de vuelta tengo que cocinar, y viene alguien y te trae comida hecha, vos lo vas a festejar y te vas a llevar la comida hecha para tu casa y no vas a andar haciendo comida, y comida, y comida...

Y las hormigas no son una excepción. Si vos le das algo que a ellas les sirva, listo, se lo llevan. Se lo llevan para hacer el compost, incluso algunas cosas, y las comen directamente, por ejemplo, si le das cáscaras de cítricos, la parte blanca de adentro de la cáscara de cítrico, para ella es un manjar igual que su hongo. Parece que se parece mucho en sabor y textura y color al hongo en cuestión que ellas comen. Bueno, le das eso y vas a ver que las pelan, dejen nada más que lo amarillo, por eso, en el camino de la planta que ellas querían comer, y el hormiguero -y se van a dedicar a llevar eso y te dejan la planta en paz- además a la planta ponerle alguna barrera un impedimento físico para que no se puedan subir.

Si la planta es una enredadera pegada a la pared, no tenes como evitarlo. Bueno, lo siento, pero si la planta es un arbolito un arbusto, le pones una pollerita abajo, listo. Esas polleritas se venden en los viveros, y hacen mucha falta, y son muy pero muy buenas. De aluminio, y de papel de aluminio plisado, o con latas, y por seis meses es intransitable para el insecto, para cualquier insecto, y te sirve para otros insectos también, no solo para las hormigas.

Y le das de comer pedacitos de todo lo que te sobró de la verdura, que no esté condimentado, lo que vos pondrías en el campo, lo cortas chiquito y se lo pones en el camino. Se llevan eso, no tienen que andar cortando de los árboles, de tu planta. ¿Tenes arroz? Compra ese arroz, el más barato, el arroz partido que venden en las forrajerías, y lo venden para los perros, para hacer comida para perros. Ponéle eso, ellas se lo llevan inmediatamente. Si le pones sulfato de cobre, no, no se lo van a llevar, no le pongas nada, no es para matarlas.

Le podes poner arroz durante todo un año, que ellos llevarán el arroz y te dejarán las plantas en paz. Tener pilas de compost nuevos en la zona de la huerta también ayudan muchísimo: se van directamente. Para ellas es más fácil llevar algo que ya está trozado que ir a trozar una planta que vos venías cultivando.

Toda planta que vos la tengas sobre elevada unos 40 cm. del suelo, perfecto. Esa difícilmente sea comida para las hormigas. Si le pones plantas repelentes de hormigas, ojo, no todas las aromáticas son repelentes.

El piretro, por ejemplo, no lo comen las hormigas, y sus flores son venenosas para ellas, así que, si plantas piretro, además podría ser un veneno con las flores. No es veneno para nosotros, es solamente para los de sangre fría. Así que si tenes esos animalitos en casa, no le pongas piretro o piretri. Es la sustancia que sale de las flores del piretro. Pero si vos plantas pitero alrededor de huerta difícilmente las hormigas entren, claro que, si vos pones toda una valla alrededor de una huerta, las hormigas se van a apiolar y van a entrar por el medio.

Como ellas hacen túneles, entran por el medio como presidiario escapando en una película, y aparecen todos, se llevan todo a su nido, así que, si pones piretro, ponelo también desparramado en medio de la huerta, porque después pueden aparecer por cualquier lado.

Pero ¿dónde está la solución? Darle de comer y proteger nuestras plantas con barreras físicas para que no lleguen hasta ahí, y con eso estamos con las hormigas.

8.   Los caracoles

Querida oyencia, siempre dije que tenía dos o tres temas básicos. Uno eran las plantas, el planeta de las plantas, que son las dueñas de este planeta, otro era el 50% de nuestra especie: las mujeres, que a veces es el 52%, pero pongámosle la mitad de la especie, el sexo femenino, los humanos que nacen con sexo femenino.

¿Para qué tiene uno un sexo masculino o femenino? Biológicamente para fines reproductivos, después te podrás divertir, darle un uso social, qué sé yo, somos humanos, pero básicamente ahora hoy ¡los feministas! Vistes los feministas. Los feministas, los feministas, los feministas. ¡Basta ya, basta! Yo estoy harto de que haya tantas feministas. Yo no veo la hora de que llegue el día en que no hagamos falta los feministas, que por fin esta especie -con tendencia a la estupidez- se haya equilibrado, hayamos logrado equilibrar esta balanza tan despareja, en la que vivimos hace como 10.000 años.

Bueno, algún día algún día viviremos inteligentemente aprovechando, como digo yo, la energía intelectual del 100% de la especie, que la hemos negado, ninguneado, ¿no?

La mujer no piensa, no crea a la mujer, no, ¿no? La mujer sí, todo igual y a veces más que el varón. No voy a caer en la paparuchada decir que uno de los sexos es mejor o peor que el otro, ¿eh?, los dos somos imprescindibles para la especie, por ejemplo, los caracoles no tienen ese problema, porque cada caracol tiene los dos sexos encima: es padre y madre, es macho y hembra, ¿eh? No hay caracol, macho y caracolas hembra, son todos hermafroditas, no son auto suficientes, o sea, no se pueden fecundar a sí mismos, necesitan tener un encuentro con otro caracol, pero los dos salen fecundados y los dos son papas y mamas, entonces para, para, para; en este planeta, esto al menos en este planeta, esto del sexo a fines reproductivos, es muy variado. Muy variado.

Por ejemplo, los caracoles, las lombrices igual que los caracoles, y hay un montón un montón de insectos en que no hay machos, en los que no hay machos, son todas hembras partenogénicas, o sea, una hembra que va a parir o a poner huevos donde otra hembra va a poner huevos, donde otra hembra y así indefinidamente. No hay machos en esas especies ¡Wow!

Y después hay algunas especies donde los machos son más fuertes, -en algunas especies- donde hace falta que sean así, en otras no. Hay unos peces en el mar que cuando nacen son chiquititos, chiquititos, como pececitos recién nacidos, y las chicas empiezan a crecer, ¿no?, qué grande que está, se dicen entre ellas, mira qué grande está tu hija y usted hace unos pescadotes enormes.

Las chicas y los muchachos -que quedan muy chiquititos- se prenden a su cuerpo y a veces lleva seis, siete, noviecitos prendidos hasta el punto en que se fusionan ellos. Ya no tienen que andar comiendo nada, directamente la comida le llega por la sangre de ella, que es la que anda por ahí y ellos tienen una comunicación para pasarle espermatozoides, nada más. Y los lleva como cascabeles prendidos a los novios chiquititos, chiquititos.

¿Y qué hacemos con el machismo y la supremacía masculina? Que es lo natural, nos dicen, porque todo lo demás es paparruchada de género. ¿Es antinatural la naturaleza? ¡Pará! Primero leete un poco de biología loco, y después háblame de la naturaleza. Claro, claro, por naturaleza no somos solamente los hombres o los hombres católicos o los hombres blancos o los hombres judeocristianos. La naturaleza es todo lo que hay en este planeta y la biología estudia todo lo que tiene vida en este planeta, así que primero lee un poquito, entérate y después venía a decirme si es natural o no es natural. ¿No?

Una sociedad de reparto basada en el ser y no en el tener, se estructura en los valores amorosos de una buena madre. En una sociedad matriarcal se parte de las diferencias entre hombre y mujer: los dos son complementarios, se aprecian la sensibilidad del hombre y su rol social.

En algunas comunidades se le considera menos preparado para tomar decisiones de una naturaleza más débil, aunque se le tiene en cuenta y se le trata con ternura como a un niño. Los hombres se muestran muy satisfechos de pertenecer a estas comunidades.

Hay un respeto profundo por el cuerpo de la mujer que da la vida y existe un gran amor por la naturaleza que guía, se conservan las tradiciones animistas ancestrales y el respeto a la Tierra y a los antepasados, a los que se rinde culto. A veces hay sincretismos religiosos que se mezclan en el día a día.

Son comunidades normalmente agrícolas en las que se practica la economía de subsistencia, según la riqueza de la zona. La casa y los bienes de la familia pasan de madres a hijas, pero no lo consideran un poder sino un tesoro que hay que guardar entre las mujeres. Hay redes de ayuda para el bien de la comunidad.

Mujeres artistas, mujeres científicas, mujeres astronautas, mujeres aviadoras, mujeres taxistas, mujeres colectiveras, mujeres albañilas. El movimiento de mujeres, chicos, es imparables, es imparable. La revolución será feminista o no será. Ahora vamos a escuchar a la marta, Gómez "Manos de Mujeres".

"Mano fuerte va barriendo pone leña en el fogón
Mano firme cuando escribe una carta de amor
Manos que tejen haciendo nudos
Manos que rezan, manos que dan
Manos que piden algún futuro pa' no morir en soledad
(ay ay)
Mano vieja que trabaja va enlazando algún telar
Mano esclava va aprendiendo a bailar su libertad
Manos que amasan curtiendo el hambre con lo que la tierra
les da
Manos que abrazan a la esperanza de algún hijo que se va
(ay, ay)
Manos de mujeres que han parido la verdad
Manos de colores aplaudiendo algún cantar
Mano fuerte va barriendo pone leña en el fogón
Mano firme cuando escribe una carta de amor
Manos que tiemblan manos que sudan
Manos de tierra maíz y sal
Manos que tocan dejando el alma
Manos de sangre de viento y mar
Manos que tiemblan manos que sudan
Manos de tierra maíz y sal
Manos que tocan dejando el alma
Manos de sangre de viento y mar (ay, ay)"[viii]

9.   La arañuela roja

Vos sabes que hay oyentes, alumnos, planteros en general, que preguntan sobre pestes de sus plantas. La arañuela roja. La arañuela roja es un bicho maldito, pequeñito, pequeñito. Los que no ven muy bien, lo tienen que mirar con lupa y los que ven muy bien también, porque a veces son muy pero muy pero muy chiquititos. Entonces, si no se lo ve a simple vista, ¿cómo hacemos?

Bueno, hay un síntoma, estos bichitos del señor ¿qué hacen?, viven por abajo de la hoja, en la parte de abajo, en el envés de la hoja y caminan, caminan, caminan y se encuentran, ¿no?, la arañera. -¿Cómo estás? Qué sé yo... ¿Que anda haciendo? - Yo acá estoy haciendo cagar la planta. - ¡No!, ¿Cómo haces? - Mira, muerdo y le morfo un poco de cada célula. Queremos la parte verde. ¡Uy!, y la planta pierde, se va a morir, pero bueno, yo la paso bomba. -¡Uy, y se nota! - Y sí, después me tendría que ir de acá, porque va quedando blanca la hoja... pintitas, pintitas, pintitas blancas, amarillentas, qué sé yo. Hasta que al final, ¿viste como quedan las fotos de los diarios hechas de pintitas blancas y negras? Bueno, igual con cada vez, más pintitas blancas hasta que se blanquea toda la hoja.

Un poco antes de eso ya la hoja se cae. Bueno, grave, no solo que se pierden las hojas, estos bichitos, ¿viste cuando te pica un mosquito?, el mosquito hembra te pica y te chupa la sangre. Bueno, son dos partes que no tienen nada que ver la primera y segunda mitad del problema. Ahora estamos hablando de la arañuela roja. Cuando un mosquito te pica para chupar la sangre es porque con eso madura sus huevos para poderlos poner en el agua.

Me doy cuenta, la planta está en un estado lamentable, si se encuentra este estado lamentable. Además, voy a ver que hay una telita de araña muy fina que cubre los brotes y las hojas, y ahí sí los veo a trasluz, las arañuelas corren por la telita como un videojuego, corren chiquititas, pueden ser marrones, amarillas, verdes, rojas, transparentes con dos puntos negros, pero le llamamos arañuela roja, porque por lo general, en determinados momentos, casi toda la población de una planta se pone roja, en la primera época del año, dependiendo del tipo de planta.

Bueno, estos bichitos te destruyen desde una lechuga hasta un ombú. Además, no respetan pelo ni marca, te bajan cualquier planta; agarran a los cactus, a las orquídeas, al pasto, todo les viene bien, es decir que una peste jodida.

Por supuesto las empresas que viven de los horticultores han hecho un montón de productos muy buenos para la arañuela roja y muy malos para nosotros, porque nos envenenaremos nosotros.

La arañuela roja, como se reproduce cada muy pocos días hace resistencia y las nuevas generaciones ya son inmunes a esos venenos. Seguramente nosotros en varias generaciones podríamos lograr también la inmunidad a esos venenos.

Lo que pasa que nosotros echamos todos los años un veneno más nuevo, más fuerte, más poderoso, y los humanos necesitamos 30 años de una generación a otra. Las arañuelas rojas, pocos días. Entonces, como nos pasa siempre con los insectos, en poco tiempo hacen resistencia y ya no los podemos matar con nada. Bueno, estas cepas resistentes además son como más virulentas, se reproducen más, hacen peor en la planta.

Hay venenos mejores más ecológicos, ¿no?, como el jabón potásico líquido que lo venden en las ferias agroecológicas, aceite de neem, ese para tu plantita también. Ahora yo he buscado al aceite neem y me he encontrado con que tenía de marcas comerciales, tenía además del neem, algún coadyuvante, que a mí, personalmente me produjo una terrible reacción alérgica. Así que no te recomiendo los comerciales, tienen alguna que otra porquería, y he encontrado un producto registrado en el SENASA, que tiene jabón potásico, neem y canela, y es excelente, mata la arañuela roja y otros bichitos más, y no afecta a la planta ni al ambiente ni al aplicador (que serías vos, yo), ni tampoco a los microorganismos del suelo.

Porque vos fumigas con algo y cae al suelo, y te hace pelota los microorganismos del suelo, y la planta sigue decayendo en su estado de salud, porque le mataste los socios que vivían en el suelo, que le daban fuerza, vigor, vitalidad, alimento, qué sé yo, de todo. Entonces este es bueno.

Lo primero que tengo que hacer es averiguar quién es la arañuela roja, ¿no? De que familia viene y sus padres, ¿no? Es un ácaro de cuatro patas, viste, que suelen tener seis, ocho. Tiene un hábitat que le es propicio en temperatura y humedad, le gusta mucho calor, poca humedad. ¡Ah, mira vos!, con 28 grados y menos de 50 por ciento de humedad, la arañuela roja está feliz, se siente en la playa y se morfa nuestra planta de una forma impresionante. Acordate, además se reproduce tan rápido, en cinco o seis días ya hay más. ¡Que temor! Mira, en todo este tiempo de sequía, la arañuela roja estaba bailando la conga y bailando katanga feliz y contenta, mofándose nuestras plantas. Y realmente me ha llamado mucha gente preguntando ¿qué hago?, ¿qué?

Bueno, fíjate, mira, hay días de muy baja humedad ambiente y la temperatura no ha bajado mucho. Bien, la arañuela roja vive en nuestras plantas, cualquier planta, en ambientes, secos y temperaturas altas, y hay un predador, alguien que la controla, el ácaro predador, y hay varios ácaros predadores. Son rojos, casi todos son tan chiquitos como una arañuela. Tiene patas largas -la otra tiene cintura de pollo, la arañuela roja tiene cintura de pollo, es como un rectángulo con la patita a los costados más bien, qué sé yo con cintura de pollo-. El ácaro predador es una señora araña que tiene patas largas como una Barbie ¿viste? Las patas largas la hacen ser más rápida y corre por la tela y se las engulle.

En realidad no se las come, pica y le chupa todo el contenido, las deja en cascaritas. Bien, este ácaro predador tiene un hábitat que le es propicio en temperatura y en humedad, vive y se reproduce feliz y contento por debajo de los 24 grados, o sea. Mucho más fresco que el ideal de la arañuela roja. Y la humedad ambiente ideal para el ácaro predador anda por un 80 por ciento.

¡Ay! ¿Cómo hacemos? Bueno, mira, muy fácil. Si vos tenes planta con arañuela roja, mojálas, mojálas, porque si vos mojas continuamente las plantas con un rociado muy finito, al evaporarse el agua de una superficie, esa superficie se enfría. Vos te pasas la lengua por el dorso de la mano, te mojas con la saliva, soplas despacito el dorso de la mano y la mano está enfría de golpe.

Claro, se enfría de golpe porque se evaporó la humedad. Esa velocidad de evaporación va a ser enfriarse el dorso de tu mano porque la evaporación es un fenómeno físico, que requiere como todo fenómeno, de una energía, que usa la energía calórica. Se va a evaporar el agua y se va a enfriar la planta, pero además, va a dar una mayor humedad ambiente en el lugar donde la planta está.

Entonces, ya bajamos la temperatura y aumentamos la humedad. La arañuela roja, dice: ¡Qué tiempo de mierda! No le gusta que haya humedad alta y temperatura baja, pero a su predador, al ácaro predador le encanta, y cuando encuentre estas condiciones, inmediatamente hace fiestas, bailes, encuentros, y se empieza a reproducir, se reproduce. ¿Y que le sirven en la fiesta a los ácaros predadores? Platitos de arañuela roja. Se morfan las arañuelas rojas, se morfan los adultos, las larvas, los huevos, a todos se morfan. Bueno. Entonces la solución no está en poner un veneno más o menos ecológico, tenemos que cambiar las condiciones de humedad y temperatura para que la arañuela roja la pase mal y el ácaro predador las pase bien.

Bueno, pero el estar acá en Córdoba, Argentina, no significa que no podemos ir a un vivero y decirle -buenas tardes don viverista, -sí que necesita, -mire tengo arañuela, roja. ¡Ah!, mire y ando buscando el ácaro predador, me vendería usted un frasquito con ácaro predador.

Bueno, si viviéramos en España, eso sería lo más natural del mundo, en cualquier bolichito de plantas en España, te venden los frascos con distintas variedades y especies de ácaros predadores para arañuelas rojas y para otras pestes. Abrir el frasquito, lo abrís y lo dejas en tu invernadero, y salen estos bichos, se morfan todas las pestes, y vos no pusiste veneno ni nada. Cuando se le terminan las arañuelas rojas, se mueren porque no tienen que comer, y después tener que comprar de vuelta. Pero no envenenaste nada, no te envenenaste, vos todo bien.

Bueno, acá no hay no hay, pero ya, posiblemente haya algún estudio, lo desconozco, en el INTA, que está haciendo investigaciones al respecto, pero todos aquellos que se han comprado y se han traído para controlar arañuelas rojas en nuestros cultivos, muchos se han quedado a vivir acá, porque encuentran temperaturas y humedades apropiadas, y encuentran arañuelas rojas, como para morfarselas.

También comen polen. Así que tienen de que vivir. Si nosotros a nuestras plantas enfermas infestadas con arañuela roja, le damos humedad y bajamos la temperatura, seguramente en el transcurso no de un día para el otro, pero en algún momento, van a aparecer los ácaros predadores y las van a poner a raya.

"La leña va en la carreta y el crío tirando barro,
Un pibe que en camiseta va cruzando el charco
El otro va en bicicleta escuchando a Palorma.
Es vieja la camioneta y lleva un burrito atado
La fábrica está cerrada, portón oxidado,
Y el cielo ya está que truena, se lo siente respirar
Vidita agua, huelo un temporal,
Vidita agua, para enjuagar
Las penas de los que sufren,
Vidita, vienen de atrás.
Camino todo enlodado y alguna leñita al fuego,
Un tacho que se calienta cerquita del suelo.
Los chicos que de la escuela van camino a su hogar.
Un perro atras de una llanta, midiendo el sanjon pa'l salto
Los ojos más picaflores van mirando abajo
El cielo ya esta que truena, se lo siente respirar."[ix]

10.   La memoria de las plantas

La memoria de las plantas, ¡ah!... ¿tienen memoria las plantas? Claro que sí, pero como no tienen cerebro, ¿no? No, no tienen cerebro, y no tienen neuronas. Y no tienen neuronas ni cerebro dijiste... claro, para que quieren cerebro, sino tienen neuronas, claro. ¿Y cómo hacen? ¿Están ahí?

Mira, más que están, son, sí, sí, y nos ven. A ver, nos ven, tienen células fotosensibles que perciben la luz la sombra y la línea que divide luz y sombra, y por eso el girasol puede girar buscando el sol, porque en sus hojas hay células fotosensibles que le indican de qué lado viene la mayor intensidad lumínica. Entonces él puede mediante un mecanismo hidráulico en el tallo de la flor, girar la flor.

Stefano Mancuso[x], este señor biólogo, ¿eh? Catedrático profesor en la Universidad de Florencia. Tiene una cátedra de Neurobiología vegetal y nos dice -este buen señor, muy suelto de cuerpo y con todas las comprobaciones científicas para decirlo- que las plantas, además de los 5 sentidos nuestros, tienen 15 sentidos más, y además pueden guardar información. Pueden modificar su comportamiento.

Solamente se puede modificar el comportamiento si tenemos memoria de un hecho que justifique el cambio de conducta. Cambio de conducta que servirá, lógicamente para la supervivencia. En una abeja, en un humano, en un presidente, en un obrero, en una planta...

Mira, tienen memoria las plantas, claro que tienen memoria, y te recuerdan a vos e identifican a los demás seres. Porque hay seres peligrosos y seres benéficos. Y los tienen que identificar: hay polinizadores, hay ladrones que se llevan las hojas, las ramas, las quiebran; hay gente y animales que se comen las frutas; y a propósito, la planta puso una fruta dulce, linda, colorida, perfumada para que alguien se la coma, y tire las semillas un poco más allá.

Mira, así que la planta tiene que estar pendiente de lo que pasa con todos los que caminamos, volamos o nadamos, es decir, los que nos podemos trasladar en el planeta. Y usted se puede mover y mucho, pero no puede dar un paso fuera de donde tiene la raíz entonces nos observa, porque si bien a veces somos un peligro, muchas veces somos la solución para muchas cosas suyas, para sus proyectos de vida. Si la planta quiere que sus hijos nazcan un poco más allá -no tan cerca de ella porque se asfixiarían todos, se morían de sed y de falta de luz- le encomienda a los pájaros, a los perros, a los humanos, a las vacas, que se lleven la semilla un poco más allá; y si quiere que se vayan más lejos a sus semillas, le pone alas y el viento se las lleva muy lejos.

Mira, está siempre pendiente de qué pasa en el afuera, que pasa en el entorno, que pasa en su ambiente para tomar decisiones. Y esas decisiones las aprende: muchas son memoria ancestral, porque la trae de mucho tiempo atrás, y ahí no hay gurúes que se las comuniquen a ellas, tienen la memoria ancestral y ejercen como memoria cosas ya aprendidas; y otras cosas son nuevas, son lo que le ocurre hoy, lo que le está pasando hoy y modifica su conducta.

Mira, las plantas tienen memoria, vista, oído, olfato, gusto, tacto, todo eso sí, todo eso y dice el Stefano Mancuso que 15 sentidos más; y es lógico, ellas tienen que percibir la presión atmosférica. Nosotros tenemos que ver en el celu que dice cuántos hectopascales, ella lo tiene que percibir sin celu, tienen que percibir las radiaciones electromagnéticas. Porque de eso depende que grado de salinidad va a tener el agua para ver si la puede tomar o no, cómo tiene que hacer para tomarla por osmosis, o en contra gradiente, o qué sé yo; tiene que hacer tantas, pero tantas ... Tiene que analizar el suelo, la estructura, los minerales, el PH, la dureza... ¡Wow!

Tiene que analizar qué bicherío hay en el suelo: microbios, microorganismos, protozoos, bacterias, virus, extraterrestres, qué sé yo... Todo lo que hay en el suelo. Ella tiene que analizarlo. ¿Para qué? Para participar en eso, dice. ¡Ah!, y este honguito, vos sabés, que no me gusta nada, listo, chicas bacterias, a ver, mórfense el honguito, déjenlo en un número mínimo que no moleste, que quede en el barrio, que quede, pero que no sea tan molesto. A ver a ver, uy, me está faltando -qué sé yo- ... cadmio, no sé, algo que es en pequeñísimas cantidades. A ver los microorganismos que pueden liberar cadmio, ¿pueden venir a elaborar al lado de la raíz? ¿Sí? Yo les doy -que se yo, no sé- una gaseosa no tóxica, para que vengan. Y vienen, ¿no?

Para actuar en consecuencia y determinar un entorno que les sea favorable, así como está pendiente de los que caminamos, volamos, o nadamos, arriba donde está su follaje y su tallo, abajo en las raíces, está pendiente, del Hades del mundo subterráneo, de qué pasa, qué misterios, que dioses, qué gnomos, que insectos, gusanos, microorganismos viven por ahí ... Y ella resuelve cómo van a vivir para su beneficio, y por supuesto, ella les da vida a todos ellos. No solamente un algarrobo se alimenta del suelo, sino que el suelo se alimenta del algarrobo. Pasan a ser una unidad, forman juntos un territorio, y ese algarrobo y ese pedazo de corteza terrestre también forman una unidad. Da una infinidad de cosas a las otras plantas, a los pájaros, a los insectos, a los bichos de abajo de la tierra. ¡Wow! La memoria de las plantas.

Y fíjate vos que no hay prácticamente muchas cosas que tengamos los seres evolucionados, que no se hayan probado antes exitosamente en otros seres, por ejemplo, las plantas, así que la memoria es algo que primero tuvieron las plantas. El sexo. Mira qué lindo el sexo. El sexo también primero lo tuvieron las plantas, y después llegamos los seres sexuados que usamos el sexo para una reproducción con biodiversidad intraespecífica -digamos- para que no te salgan todos los chicos iguales.

11. Fuentes bibliográficas y publicaciones digitales

- Audios de los programas radiales emitidos entre 2018 y 2022 por Una Radio Muchas Voces, FM 98.1 , Cooperativa Viarava, Capilla del Monte, Córdoba, Argentina. https://unaradio.org.ar/secretos-de-la-tierra/

- "Huelga agrícola y represión: la intrahistoria del Romance de la Guardia Civil de García Lorca". https://www.elsaltodiario.com/poesia/huelga-agricola-represion-intrahistoria-romance-guardia-civil-garcia-lorca

- Ancarola, Francesca. Reseña de "Jardines Humanos". http://www.francescaancarola.cl/music/jardines-humano/

- Caballero, Manuel. "Lorca: basado en hechos reales. Los sucesos que inspiraron sus obras". Editorial Carpe Noctem, 2022. ISBN: 978-84-124266-3-2.

- Pelt, Jean-Marie, "Las Plantas". ISBN: 9788434583696. Salvat, 1988.

12.   Notas

i   Amparo Ochoa. Fue una maestra rural y cantante popular mexicana. Su cantar era sobre la vida y las causas sociales, obreras, estudiantiles, y su estilo era folclorista. Activa como artista desde 1971 hasta el 1994, sobre su vida y obra, existe el documental, "Amparo Ochoa: se me reventó el barzón", de Modesto López, uno de sus amigos, y editor de algunos de sus temas.

"Yo nací y me crie con la música popular pegada en la oreja. Lola Beltrán, Agustín Lara y la música regional de Sinaloa. Yo quería ser bailarina, pero en el lugar donde me crie no tenía tantas oportunidades", textual de Amparo en el documental.

"Mujer", el tema musical de referencia y gusto de Manuel Lagleyze, es una canción escrita por la venezolana Gloria Martín. Del álbum "Mujer", editado por "Discos Pueblo", 1985.

ii   Digna Ochoa y Placido fue una mujer mexicana, abogada de derechos humanos. Litigó en casos espinosos en los años ochenta, en los que estaban involucrados el Ejército y los Servicios de Seguridad pública. También en los casos de los zapatistas de Yanga, Veracruz, y el Estado de México (1995), los de Aguas Blancas y el Charco (1995), en Guerrero; Acteal, en Chiapas (1997), y el de los ecologistas Rodolfo Montiel y Teodoro Cabrera.

Mientras trabajaba en la fiscalía general del Estado de Veracruz, descubrió y denunció la existencia de un expediente policial secreto que contenía una lista negra de militantes políticos a los que perseguir. El 16 de agosto de

1988, fue secuestrada por un comando, violada y amenazada: todos eran agentes de las fuerzas "del orden". Nunca se abrió ningún expediente sobre el caso.

A partir de ese momento Digna Ochoa -que no se había rendido y seguía denunciando abusos y corrupción del aparato estatal- fue repetidamente amenazada; y en 1999 fue nuevamente secuestrada por breve tiempo, por lo que la Corte Interamericana de Derechos Humanos, bajo presión también de Amnistía Internacional, decidió que ella debería ser puesta bajo protección y que, por un tiempo, también tendría que salir del país. Asi las cosas, en 2001, decidió regresar de ese corto exilio en Estados Unidos, y retomó su actividad.

El 19 de octubre de 2001, fue encontrada muerta en su departamento de la Ciudad de México. A pesar de que tenía tres impactos de bala en el cuerpo, dos de ellos en la cabeza, la fiscalía general intento sustentar la teoría del suicidio disimulado, y que luego fue inmediatamente desmentida por los peritajes. Aún hoy se desconocen los autores del brutal asesinato.

En el año 2022, tras 21 años, el Estado mexicano, como parte de la reparación pública a la familia Ochoa, sobre la sentencia de la Corte Interamericana de Derechos Humanos (CorIDH), reconoció "no poder garantizar su seguridad e integridad personal ni su derecho a la justicia por las fallas en la investigación de su caso". En el mismo fallo, la CorIDH, pidió re-abrir el caso y juzgar a los culpables, ajustandose a la perspectiva de género y visión de derechos humanos.

El 15 de mayo de 2023, se inauguró formalmente la Calle Digna Ochoa, antes Gral. Gabriel Hernández, precisamente donde se encuentra la fiscalía general de Justicia de la Ciudad de México.

Hoy en día, el contexto violento y riesgoso continua: los defensores ambientalistas, periodistas disidentes, y disidencias diversas, son noticia diaria en México, porque siguen siendo asesinados.

iii   Referido en "Lorca: basado en hechos reales. Los sucesos que inspiraron sus obras", 2022, por Manuel Caballero, este poema es inspirado por una huelga agrícola y la represión de jornaleros y gitanos en la campiña de Jerez de la Frontera, Andalucía, España, durante el 10 y 11 de Julio de 1923.

Durante la década de 1920, la clase trabajadora en Andalucía era la mayoría de la población. En sus núcleos rurales, había jornaleros/as agrícolas y pequeños propietarios. Con grandes superficies dedicadas al cultivo de la vid, que implica mucha población activa agraria, bajo todo un sistema de explotación y política feudal. Este fue el escenario de cantidad de movilizaciones y huelgas entre 1917 y 1921.

De todo ese vaivén de la lucha social de la época, uno más entre tantos, quiso la receptividad, la sensibilidad de un poeta, Federico Garcia Lorca, al escuchar sobre cierto episodio, convertirlo en un romance.

Eran tiempos de organización sindical, inicios del movimiento obrero, y de corrientes libertarias de todo tipo, anárquicas incluso. A eso se oponía la fuerza represiva del Estado -la Guardia Civil- y la coacción de los terratenientes locales. Federico Garcia Lorca tiene mas textos donde cita exponiendo las aberraciones de la Guardia Civil Española. Son estos textos, su crítica, su tiempo, su lugar, el marcar el antagonismo de gitanos y fuerzas represoras, la libertad versus la sujeción, cuestiones siempre presentes en el inconsciente colectivo, con formas de miedo, de odio, de rechazo, de querer eliminar al otro, al diferente.

Durante la guerra civil, Lorca es detenido por el ejército franquista. De la mano del mismo coronel responsable de esta detención en 1936, y posterior fusilamiento, dependían dos tenientes. Ambos tenientes, asignados en 1923, a la zona de Andalucía, y que participaron de la represión de las huelgas, además de otros hechos sangrientos a las poblaciones locales. Es decir, dos de los protagonistas de la represión huelguista, estaban bajo el mando de quien lo detuvo al poeta, poeta cuyos versos echaron luz sobre estas aberraciones.

Los gitanos eran ciudadanos de segunda en España hasta 1978, momento en que, tras la nueva Constitución y nuevo gobierno postfranquista, se los reconoce de pleno derecho, y se anulan los artículos del Reglamento de la Guardia Civil, que explícitamente los tenía como objeto de vigilancia, escrutinio e interrogación: lisa y llanamente, criminalización y encasillamiento. Ya venían sufriendo persecución desde 1499, pasando por un exterminio programado por parte del Estado, hacia 1749, conocido como "La Gran Redada". Nueve mil gitanos fueron hechos prisioneros, y pasaron en la cárcel, 16 años, para luego ser liberados... Mas, 34 años después de la orden de liberación, se seguían liberando gitanos en algunos lugares remotos. En 1783, son declarados ciudadanos y con derechos como también obligaciones, a costa de... que abandonasen su identidad étnica: costumbres, lenguaje y vida errante.

iv   "Están lloviendo mujeres" (Wilson Saliwonczyk / Cintia Trigo) retrata el Primer Paro Nacional de Mujeres en el 2016 (Argentina), bajo la premisa del "Ni una menos", luego del femicidio de Lucía Pérez. Letra: Wilson Saliwonczyk, Música: Cintia Trigo. Del álbum Visionarias, de la banda musical "La Vagabunda".

El femicidio de Lucía Pérez fue un caso bisagra que ocurrió en Mar del Plata, Argentina en el año 2016 y que generó alto impacto mediático y social en todo el país, con movilizaciones incluidas.

Siendo menor de edad, 16 años, fue secuestrada, drogada, violada y torturada antes de ser asesinada. Sus asesinos intentaron encubrir el crimen haciendo que pareciera una sobredosis de drogas, y con un encuentro sexual consensuado, pero los peritajes forenses revelaron la verdadera naturaleza del asesinato brutal. Asi y todo, el veredicto en primera instancia, de los jueces, absolvía del asesinato a los acusados -prejuzgando sobre la vida privada de la víctima- y los condenaba por venta de estupefacientes.

El caso se convirtió en un símbolo de la violencia de género y la lucha contra el femicidio en Argentina, al tomarlo el movimiento "Ni Una Menos". Esto logró desencadenar el Primer Paro Nacional de Mujeres, en Argentina, 19 de Octubre de 2016.

No solo los jueces que participaron del primer veredicto fueron juzgados por negligencia, incumplimiento de los deberes inherentes al cargo y parcialidad. Recién un segundo juicio, pudo condenar a los acusados de todos los cargos planteados por el fiscal.
Este caso dio el puntapié a la creación y promulgación de

leyes y políticas públicas destinadas a abordar la violencia de género en el país.

v   "Espantamales" por Francesca Ancarolay, y Elizabeth Morris, cantautora y compositora chilenas, del disco Jardines Humanos, 2002. Es un homenaje a Violeta Parra, y viene a conformar la tercera propuesta discográfica de Francesca Ancarola. Co-inspiración de los compositores e intérpretes Elizabeth Morris, Antonio Restucci y Carlos Aguirre.

vi   "La Maza" por Silvio Rodríguez, cantautor de Cuba. De su álbum Unicornio, 1982. Escrita en 1979. Sobre su propia letra, Silvio nos devela que "La Maza" es un poco la razón de ser artista, de su compromiso, que no se deja seducir por los artificios y superficialidades que suelen acompañar a algunas manifestaciones escénicas... La cantera es donde se sacan los cantos, la maza es con que se golpea. Si no hubiera una cantera de donde sacar un producto, algo, para qué serviría la maza.

vii   "Doña Luisa" por Marta Gómez, cantautora de Colombia. De su álbum Entre Cada Palabra, 2005. Dedicada a las mujeres que van a recoger café.

viii   "Manos de mujeres". Por Marta Gómez (Feat: Martirio, Andrea Echeverry & Anat Cohen). Del álbum Este instante. 2014. Esta canción es acerca de la sororidad, manos diferentes de mujeres que se unen, formando una red de mujeres, que se ayudan mutuamente contra los ataques del patriarcado, a empoderarse y liberarse, a ellas y a todos.

ix   "Vidita Agua". Por Orozco-Barrientos. Del álbum Pulpa, 2008. Originarios de Mendoza, Argentina. Con producción de Gustavo Santaolalla. Propone tonadas, cuecas, zambas y gatos "a la Orozco–Barrientos". Y en esta cancion puntualmente, comparten con Mercedes Sosa.

x   Stefano Mancuso, nacido 9/5/1965, es un botánico italiano , profesor del departamento de Agricultura, Alimentación, Medio Ambiente y Silvicultura de la Universidad de Florencia . Director del Laboratorio Internacional de Neurobiología Vegetal. Miembro de la Accademia dei Georgofili. Entre sus varios artículos firmados:

•   Sistema de raíces de las plantas. Estudio del año 2004. Investiga las capacidades de las plantas y su sistema radicular, en particular, la parte superior de las raíces, que es muy sensible a diversos tipos de estímulos, como presión, temperatura, ciertos sonidos, humedad y daños. Indica que las zonas de los ápices de las raíces interactúan entre sí, formando una estructura cuyas funciones propusieron ser similares a las funciones del cerebro de un animal. Concluyó que en el curso de la evolución, las plantas tuvieron que encontrar soluciones a los problemas inherentes a los organismos adheridos a un sustrato. Aunque las plantas no tienen nervios ni cerebro, tienen una vida social y, por tanto, análogas a los órganos de los sentidos, aunque muy diferentes a las de los animales. La clave para entender esto se puede encontrar en algunas células (gametos y bacterias), corales, esponjas y en el comportamiento de organismos como los placozoos.

•   En 2012, Mancuso y sus colegas descubrieron que las plantas tienen receptores que hacen que sus raíces sean sensibles al sonido y a la dirección de su distribución. Otros biólogos 4 años antes afirmaron que los árboles en condiciones de escasez aguda de agua, pueden emitir sonidos que pueden ser más que simples signos pasivos de cavitación.

• En su libro "Plant Revolution: le piante hanno già inventato il nostro futuro" ("El futuro es vegetal" en castellano), describe su visión de cómo las plantas han encontrado y probado soluciones "brillantes" a los diversos problemas que enfrenta la humanidad hoy durante cientos de millones de años. Las plantas, en parte debido a la simbiosis con bacterias y hongos, "inventaron" métodos estables y bien optimizados para colonizar la superficie de la tierra y luego la atmósfera inferior. Las plantas también crearon uno de los sumideros de carbono más importantes de nuestro planeta, e impulsaron la producción de energía limpia a partir de almidón, sacarosa , esclerénquima y biomoléculas complejas mediante la fotosíntesis de la clorofila , y la biodegradabilidad.

Contenido

www.ingramcontent.com/pod-product-compliance
Lightning Source LLC
LaVergne TN
LVHW091616170726
843492LV00007B/2445